58种
蔬菜病虫草害防治

徐元章　刘丽娥　王青松◎编著

海峡出版发行集团
THE STRAITS PUBLISHING & DISTRIBUTING GROUP

福建科学技术出版社
FUJIAN SCIENCE & TECHNOLOGY PUBLISHING HOUSE

图书在版编目 (CIP) 数据

58种蔬菜病虫草害防治 / 徐元章, 刘丽娥, 王青松编著.
—福州: 福建科学技术出版社, 2020.4
ISBN 978-7-5335-6072-0

Ⅰ.①5… Ⅱ.①徐… ②刘… ③王… Ⅲ.①蔬菜 – 病虫害防治
Ⅳ.①S436.3

中国版本图书馆CIP数据核字(2019)第297407号

书　　名	**58种蔬菜病虫草害防治**
编　　著	徐元章　刘丽娥　王青松
出版发行	福建科学技术出版社
社　　址	福州市东水路76号（邮编350001）
网　　址	www.fjstp.com
经　　销	福建新华发行（集团）有限责任公司
印　　刷	福建省金盾彩色印刷有限公司
开　　本	889毫米×1194毫米　1/16
印　　张	7
字　　数	180千字
版　　次	2020年4月第1版
印　　次	2020年4月第1次印刷
书　　号	ISBN 978-7-5335-6072-0
定　　价	18.00元

书中如有印装质量问题，可直接向本社调换

前　言

　　蔬菜的绿色安全生产关系国计民生，备受国民的关注。病虫草害防控是蔬菜生产过程中的难题之一。科学、高效、规范地施用农药，可以避免农药浪费、病虫产生抗药性和农药残留量超标等问题，促进安全、营养、放心蔬菜的生产。本书依据2017年6月1日实施的国务院颁布的《农药管理条例》及GB 2763-2019《食品安全国家标准　食品中农药最大残留限量》等最新的国家相关法规和行业标准，从生产实际出发，以实用、科学、新颖和可操作为主旨编写而成。

　　本书共分10章，第一章至第九章按蔬菜类型分述了58种蔬菜不同生育阶段病虫草害动态靶标的绿色防控技术，强化了蔬菜生产中生物防治和物理防治的和谐植保技术措施，结合作物健身栽培，增强自身对有害生物的免疫力，统筹运用各种栽培手段和生态调控措施生产绿色安全的放心蔬菜。第十章介绍了蔬菜上的农药和药械科学使用知识，其中介绍了大葱全株高效扫瞄喷药机、立蔓型作物无级变幅扫瞄喷药机、低秆作物半幅扫瞄喷药机3种为作者研制的喷药新药械。这3种新药械比常规小型喷雾机可大幅提高工效和防效，避免施用农药时的重喷与漏喷问题并节约生产成本，可为菜农科学施用农药和合理选用药械提供参考。书中所述的病虫草害防控技术，经过多年国内多省市的蔬菜生产基地生产实践的验证、充实和提升，效果较理想，期望对菜农们今后在农药种类的巧用、农药减量增效技术的智用以及精准药械的妙用方面有所启迪和帮助。

随着国内蔬菜周年栽培技术的应用推广，不同的区域性气候和环境条件的蔬菜所发生病虫草害的种类与消长危害规律复杂多变，因而本书限于篇幅对于特殊小气候区域性蔬菜病虫草害防治的介绍难于面面俱到。广大读者应结合当地的地理和气候等条件，对书中所推荐的农药使用剂量、浓度，进行因地制宜、科学合理的调整。农药的安全间隔期应根据产品的标签标注和相关规定严格把关；也应随时关注国家的农药主管部门最新的通告，遵循国家相关部门所制定的新标准而加以调整蔬菜准用农药种类及其安全应用技术。

限于作者水平，书中有不妥与错误之处，恳切希望广大读者提出。

作 者

2019 年 11 月 于福州

目　录

第一章　瓜类蔬菜病虫草害防治

第一节　黄瓜

黄瓜主要病虫害有猝倒病、立枯病、根腐病、霜霉病、枯萎病、黑斑病、白粉病、蔓枯病、疫病、灰霉病、菌核病、黑星病、病毒病、炭疽病、花腐病、细菌性角斑病、根结线虫病等，主要虫害有蚜虫、美洲斑潜蝇、白粉虱、黄守瓜、瓜绢螟、瓜实蝇、茶黄螨、地下害虫等危害。

一、播前种子处理

1. 温汤浸种：用种子量 5—6 倍液的 55℃恒温水（水温下降时要加热水）浸种，在此期间，要不断搅拌；经 10 分钟，待水温降至 25—28℃时，再浸种 4—6 小时。用清水冲洗干净，然后用布包好，放在 27—30℃恒温下催芽。约 3 天后露白，此间每天要用 30℃温水淘洗一次，去除胶质。

2. 药剂浸种：黄瓜种子上易黏附枯萎病、炭疽病、立枯病、角斑病等病菌，可选用 50% 多菌灵可湿性粉剂 800 倍液或 50% 异菌脲可湿性粉剂 800 倍液浸种 60 分钟。捞起用清水冲洗干净，用布包好。放在 27—30℃恒温下催芽，每天要用温水洗一次，经 3 天左右露白时播种。

二、育苗场所与基质消毒

1. 育苗场所消毒：黄瓜断根后难以发新根，因此育苗需用营养袋或穴盘育苗。大棚育苗的,应同时进行空间消毒,用硫磺 4 克 + 锯末 10 克 / 米³ 混匀,分置 3—5 个容器内燃烧,于晚上 7 时左右进行,且密闭 24 小时以上。

2. 基质消毒:营养土要选用 2—3 年未种过瓜类的园土,经翻耕、耙碎,施入腐熟有机肥后,喷洒 75% 百菌清可湿性粉剂或 50% 多菌灵可湿性粉剂 600 倍液,充分搅拌均匀后用薄膜密盖,2—3 天后待用。

三、苗期病害防治措施

1. 病害:主要是猝倒病、立枯病和根腐病,于真叶露出 2—3 天,喷用 80% 代森锰锌可湿性粉剂 500—600 倍液,或选用 72.2% 霜霉威盐酸盐水剂 500—600 倍液、64% 噁霜·锰锌可湿性粉剂 600 倍液浇灌。

2. 虫害:斑潜蝇,可用 75% 灭蝇胺可湿性粉剂 4500—6000 倍液喷雾。

3. 送嫁药:80% 代森锰锌可湿性粉剂 500—600 倍液或 30% 噁霉灵水剂 1000—1300 倍液喷雾。

四、定植作业流程

1. 土壤消毒:大棚消毒,可在定植前将棚内土壤翻耕耙平,有条件的,可灌浅水后将棚膜密封,利用太阳能高温消毒。也可密闭大棚,于傍晚用 10% 腐霉利烟剂 3—3.75 公斤 / 公顷(1 公顷 =15 亩,全书同)熏烟消毒。露地消毒,用碳酸氢铵 1125 公斤 / 公顷,翻耕后均匀撒施并覆盖薄膜密封 5 天(晴)或 7 天(阴雨),揭膜后,施基肥整高畦待栽,可消灭多数地下害虫和真菌性病原物。

2. 定植水：50% 多菌灵可湿性粉剂 800 倍液 +40% 辛硫磷乳油 1000 倍液穴灌 200 毫升。

3. 化学除草：移栽后苗高 15 厘米，禾本科杂草 3—5 叶期，每公顷选用 20% 烯禾啶乳油 1200—1500 毫升、6.9% 精噁唑禾草灵乳油 750—900 毫升，兑水 750 升，定向喷雾。

五、抽蔓—开花结果期病虫防治措施

1. 根腐病：选用 70% 甲基硫菌灵可湿性粉剂 800 倍液或 50% 克菌丹可湿性粉剂 500—600 倍液浇灌。

2. 霜霉病：选用 10% 氰霜唑悬浮剂 2000—2500 倍液 +77% 硫酸铜钙可湿性粉剂 500 倍液、60% 吡醚·代森联水分散粒剂 1500—1800 倍液、50% 烯酰吗啉可湿性粉剂 800—1000 倍液、68% 精甲霜灵·锰锌水分散粒剂 600 倍液或 52.5% 噁酮·霜脲氰可湿性粉剂 2000—3000 倍液喷雾。

3. 疫病：选用 72.2% 霜霉威盐酸盐水剂 600—800 倍液、64% 噁霜·锰锌可湿性粉剂 600—800 倍液、52.5% 噁酮·霜脲氰可湿性粉剂 1500—2000 倍液或 46% 氢氧化铜水分散粒剂 800—1000 倍液喷雾。

4. 枯萎病：选用 30% 噁霉灵水剂 1000—1300 倍液、高锰酸钾 800—1000 倍液、50% 醚菌酯水分散粒剂 4000—5000 倍液或 30% 王铜悬浮剂 600—800 倍液（雨天、露水未干、苗期禁用）灌根。

5. 黑斑病：选用 46% 氢氧化铜水分散粒剂 800—1000 倍液、50% 腐霉利可湿性粉剂 800—1500 倍液或 50% 异菌脲可湿性粉剂 1500 倍液喷雾。

6. 白粉病：选用 80% 硫磺水分散粒剂 400—600 倍液、50% 醚菌酯水分散粒剂 3500 倍液（勿连用）、40% 腈菌唑可湿性粉剂 6000—8000 倍液或 8% 宁南霉素水剂 1000—1500 倍液喷雾。

7. 蔓枯病：选用 50% 异菌脲可湿性粉剂 800—1000 倍液、80% 代森锰锌可湿性粉剂 500—600 倍液或 70% 甲基硫菌灵可湿性粉剂 800 倍液喷雾。

8. 灰霉病、菌核病：选用 40% 嘧霉胺悬浮剂 1500—2000 倍液、50% 异菌脲可湿性粉剂 1000—1500 倍液、50% 腐霉利可湿性粉剂 800—1500 倍液或 50% 啶酰菌胺水分散粒剂 1000 倍液喷雾。

9. 黑星病：选用 40% 腈菌唑可湿性粉剂 6000—8000 倍液或 50% 醚菌酯水分散粒剂 3500—4500 倍液喷雾。

10. 病毒病：在防治好蚜虫的基础上，选用 40% 烯·羟·吗啉胍可溶粉剂 500 倍液、2% 氨基寡糖素水剂 500—800 倍液或 0.003% 丙酰芸苔素内酯水剂 3000 倍液喷雾。

11. 炭疽病：选用 50% 咪鲜胺锰盐可湿性粉剂 800—1000 倍液、45% 咪鲜胺乳油 2000—3000 倍液、50% 醚菌酯水分散粒剂 3000—4000 倍液或 50% 克菌丹可湿性粉剂 500—600 倍液喷雾。

12. 花腐病：于开花期选用 64% 噁霜·锰锌可湿性粉剂 400—500 倍液、75% 百菌清可湿性粉剂 600 倍液、69% 烯酰吗啉·锰锌可湿性粉剂 800 倍液或 47% 春雷·王铜可湿性粉剂 800 倍液喷雾。

13. 细菌性角斑病：选用 2% 春雷霉素水剂 600—800 倍液、46% 氢氧化铜水分散粒剂 800—1000 倍液、77% 硫酸铜钙可湿性粉剂 600 倍液或 30% 壬菌铜水乳剂 500—600 倍液喷雾。

14. 根结线虫病：选用 41.7% 氟吡菌酰胺悬浮剂 1000—1500 倍液或 5.7% 甲氨基阿维菌素苯甲酸盐微乳剂 6000—8000 倍液

浇灌。

15. 蚜虫：用黄板诱杀的同时，选用35%吡虫啉悬浮剂5000—6000倍液、25%噻虫嗪水分散粒剂5000—6000倍液或5.7%氟氯氰菊酯乳油3000倍液喷雾。

16. 白粉虱：用黄板诱杀的同时，可选用25%噻虫嗪水分散粒剂5000—6000倍液、20%啶虫脒可溶粉剂3500—4000倍液（限开花前）、22.4%螺虫乙酯悬浮剂2000—2500倍液或99.9%绿颖喷淋油300倍液喷雾。

17. 瓜绢螟：选用90%敌百虫晶体800—1000倍液、0.3%苦参碱水剂300倍液或5%氟啶脲乳油2000—3000倍液喷雾。

18. 黄守瓜：选用25%噻虫嗪水分散粒剂5000—6000倍液或2.5%氯氟氰菊酯乳油2000—3000倍液喷雾。

19. 茶黄螨：选用5.7%甲氨基阿维菌素苯甲酸盐微乳剂5000—6000倍液、35%吡虫啉悬浮剂5000—6000倍液或0.3%印楝素乳油500—600倍液喷雾。

20. 地下害虫：选用3%辛硫磷颗粒剂60—75公斤/公顷拌沙土撒入土壤，或0.3%苦参碱水剂300—400倍液浇灌。

21. 美洲斑潜蝇：选用75%灭蝇胺可湿性粉剂4500—6000倍液、5.7%甲氨基阿维菌素苯甲酸盐微乳剂5000—6000倍液或0.3%印楝素乳油500—600倍液喷雾。

22. 瓜实蝇：用黄板诱杀的同时，于中午或傍晚，喷施10%氯氰菊酯乳油2500倍液或2.5%氯氟氰菊酯乳油3000倍液。

特别提示：因黄瓜蜡质层较厚而光滑，影响药剂附着，影响药效。为此，施药时务必注意加入展着剂，同时选用雾化细的喷头，方可确保药效。

六、采收前和采收期防治措施

黄瓜结果期病虫危害种类较多，如疫病、霜霉病、灰霉病、白粉病、蔓枯病、蚜虫、白粉虱、瓜绢螟、瓜实蝇和茶黄螨等，于第一次采收前选用安全期适宜的混配药剂预防十分重要，以免瓜熟病来措手不及。

采收期的主要病虫害及其安全防治措施如下。

1. 霜霉病：可用 10% 氰霜唑悬浮剂 2000—2500 倍液喷雾。

2. 疫病：可用 72.2% 霜霉威盐酸盐水剂 500—800 倍液喷雾。

3. 灰霉病：选用 50% 腐霉利可湿性粉剂 800—1000 倍液或 40% 嘧霉胺悬浮剂 1500—2000 倍液喷雾。

4. 白粉病：选用 80% 硫磺水分散粒剂 500 倍液或 8% 宁南霉素水剂 1000—1500 倍液喷雾。

5. 蔓枯病：可用 2% 氨基寡糖素水剂 500—600 倍液喷雾。

6. 蚜虫、白粉虱：可用 10% 溴氰虫酰胺可分散油悬浮剂 1000—1500 倍液喷雾。

第二节　南瓜

南瓜主要病害有猝倒病、立枯病、枯萎病、白粉病、炭疽病、疫病、灰霉病、病毒病、蔓枯病等，主要虫害有蚜虫、蓟马、黄守瓜、美洲斑潜蝇、棉铃虫、瓜实蝇、果实蝇、白粉虱和地下害虫等危害。

一、播种前预防措施

1. 种子处理：①用 1% 高锰酸钾液或 1% 硫酸铜液浸种 15—

20 分钟；②用 50% 福美双可湿性粉剂拌种，用量为种子量的 0.3%—0.4%；③用 10% 磷酸三钠与 50℃温水按 1∶10 的比例配成溶液，浸种 20 分钟。一般选用其中的一种处理即可。

2. 育苗场所消毒：前茬需选种植非十字花科蔬菜的地块，整畦压平后选用 50% 福美双可湿性粉剂 8—10 克 / 米^2 浇洒后盖膜（用育苗架的无需盖膜）待用。凡大棚育苗场所，都应同时进行空间消毒，用硫磺 4 克 + 锯末 10 克 / 米^3 混匀，分置 3—5 个容器内燃烧，于晚上 7 时左右进行，且密闭 24 小时以上。

二、苗期病虫害防治措施

1. 猝倒病、立枯病：选用 72.2% 霜霉威盐酸盐水剂 500—600 倍液、30% 噁霉灵水剂 1000—1300 倍液或 30% 噻唑锌悬浮剂 500—800 倍液浇灌。

2. 蚜虫：在黄板诱杀的同时，选用 0.3% 苦参碱水剂 300—400 倍液、25% 噻虫嗪水分散粒剂 5000—6000 倍液或 20% 啶虫脒可溶粉剂 3500—4000 倍液喷雾。

3. 黄守瓜：选用 2.5% 氯氟氰菊酯乳油 3000 倍液、90% 敌百虫晶体 800 倍液或 20 亿 PIB/ 克甘蓝夜蛾核型多角体病毒悬浮剂 750—1000 倍液喷雾 (PIB 为多角体英文 polyhedral inclusion body 的缩写，全书同)。

4. 送嫁药：移栽前 3 天，选用 72.2% 霜霉威盐酸盐水剂 600 倍液 +0.3% 苦参碱水剂 300 倍液喷雾。

三、定植前的预防措施

实行轮作，禁用前茬种植葫芦科蔬菜的地块、大棚种植的菜地和病害严重的地块。

1. 消毒：大棚种植的，于棚内土壤翻耕后，用 10% 腐霉利烟剂 3—3.75 公斤/公顷或 45% 百菌清烟剂 3—3.75 公斤/公顷密闭大棚熏烟消毒；地下害虫严重的地块施用 3% 辛硫磷颗粒剂 60—75 公斤/公顷。露地栽培的，于犁地前撒石灰 1500 公斤/公顷。

2. 定植水：72.2% 霜霉威盐酸盐水剂 600 倍液 +50% 多菌灵可湿性粉剂 800 倍液，穴灌 200 毫升。

3. 化学除草：移栽前每公顷用 96% 精异丙甲草胺乳油 1125—1275 毫升，兑水 750 升喷洒，当天即可种植。

四、抽蔓—开花结果期病虫防治措施

1. 枯萎病：选用高锰酸钾 800—1000 倍液、30% 噁霉灵水剂 1000—1300 倍液、2% 氨基寡糖素水剂 400 倍液或 3% 多抗霉素水剂 600—800 倍液浇施。

2. 白粉病：选用 80% 硫磺水分散粒剂 400—600 倍液、50% 醚菌酯水分散粒剂 3500—4000 倍液或 8% 宁南霉素水剂 1000—1500 倍液喷雾。

3. 灰霉病：选用 50% 腐霉利可湿性粉剂 1500 倍液或 50% 异菌脲可湿性粉剂 1000—1500 倍液喷雾，或在大棚内用 10% 腐霉利烟剂 3—3.75 公斤/公顷熏烟。

4. 病毒病：选用 2% 氨基寡糖素水剂 500—800 倍液、0.003% 丙酰芸苔素内酯水剂 3000 倍液或 0.01% 芸苔素内酯水剂 3000—4000 倍液喷雾。

5. 炭疽病、蔓枯病：选用 50% 克菌丹可湿性粉剂 600 倍液 +50% 异菌脲可湿性粉剂 1000 倍液、70% 甲基硫菌灵可湿性粉剂 1000 倍液 +75% 百菌清可湿性粉剂 1000 倍液或 45% 咪鲜胺乳油 2000 倍液喷雾。蔓枯病适当提高上述药液的浓度后用于涂蔓，可节省农药，防治较到位；预防炭疽病，幼果开始底部用塑料泡沫垫高，避免与土壤接触，同时应在幼果开始转色时，连续喷药（针对幼果）2—3次。

6. 疫病：选用 72.2% 霜霉威盐酸盐水剂 800 倍液、72% 霜脲·锰锌可湿性粉剂 700 倍液、64% 噁霜·锰锌可湿性粉剂 500 倍液、69% 烯酰吗啉·锰锌可湿性粉剂 600 倍液或 68.75% 氟菌·霜霉威悬浮剂 600 倍液喷雾。

7. 黄守瓜、蚜虫：防治措施同苗期。

8. 蓟马：在用蓝板诱杀的同时，选用 25% 噻虫嗪水分散粒剂 5000—6000 倍液、0.3% 苦参碱水剂 300—400 倍液或 20% 啶虫脒可溶粉剂 5000—6000 倍液（开花后禁用）喷雾。

9. 白粉虱：在用黄板诱杀的同时，选用 25% 噻虫嗪水分散粒剂 2500—3000 倍液、20% 啶虫脒可溶粉剂 5000—6000 倍液（花后禁用）或 22.4% 螺虫乙酯悬浮剂 2000—2500 倍液喷雾。

10. 美洲斑潜蝇：性信息素与黄板诱杀的同时，选用 75% 灭蝇胺可湿性粉剂 4500—6000 倍液、5.7% 甲氨基阿维菌素苯甲酸盐微乳剂 6000—8000 倍液或 0.3% 印楝素乳油 500—600 倍液喷雾。

11. 棉铃虫：采用性信息素诱杀的同时，在开花期选用 2.5% 氯氟氰菊酯乳油 1500—2000 倍液、24% 甲氧虫酰肼悬浮剂 2000—3000 倍液、5.7% 甲氨基阿维菌素苯甲酸盐微乳剂 6000—8000 倍液、1.6 万国际单位/毫克苏云金杆菌可湿性粉剂 500 倍液或 5.7% 氟氯氰菊酯乳油 3000 倍液喷雾。

12. 瓜实蝇、橘小实蝇：用 80% 敌敌畏乳油 800—1000 倍液喷雾，用黄板涂性信息素诱杀效果极佳。

特别提示：因南瓜蜡质层较厚而光滑，影响药剂附着，影响药效。为此，施药时务必注意加入展着剂，同时选用雾化细的喷头，方可确保药效。

五、采收前和采摘期间注意事项

南瓜结果期长，安全用药十分重要，应根据当地气候条件，测报灯下害虫种类，预计可能发生的病虫种类，选择相应的安全农药品种混配施用，以预防为主；对突发性病虫害只能选择生物或植物农药应急，务必注意安全间隔期。

南瓜结果期主要病虫害有白粉虱、灰霉病、蔓枯病和橘小实蝇、瓜实蝇、斑潜蝇、棉铃虫、白粉虱、蚜虫等，必须边采摘边防治。所以，必须根据采摘间隔期选用安全间隔适宜的药剂品种。

第三节　西葫芦

西葫芦主要病害有猝倒病、立枯病、枯萎病、病毒病、白粉病、霜霉病、曲霉病、灰霉病、疫病、青霉病等，主要虫害有蚜虫、白粉虱、斑潜蝇、斜纹夜蛾、棉铃虫、瓜绢螟和地下害虫等危害。

一、播种前预防措施

1. 种子消毒：用 10% 磷酸三钠与 50℃温水按 1：10 的比例配成溶液，浸种 20 分钟。这是预防病毒病的关键环节。

2. 育苗场所和基质消毒：育苗场所消毒，大棚育苗地前作应选择非瓜类地，用硫磺 4 克 + 锯末 12 克 / 米³ 混匀，分置数盆，于晚上 7 时左右，燃烧消毒空间，密闭 24 小时。基质消毒，用

50% 福美双可湿性粉剂 800 倍液 +72.2% 霜霉威盐酸盐水剂 1000
倍液浇灌育苗基质。

二、苗期病虫害防治措施

1. 猝倒病、立枯病：选用 72.2% 霜霉威盐酸盐水剂 500—600
倍液或 30% 噁霉灵水剂 1000—1300 倍液浇灌。

2. 枯萎病：浇施高锰酸钾 800—1000 倍液或 30% 噁霉灵水剂
1000—1300 倍液浇灌。

3. 霜霉病：选用 50% 烯酰吗啉可湿性粉剂 1000—1200 倍液、
68% 精甲霜灵·锰锌水分散粒剂 700—800 倍液或 72% 霜脲·锰锌
可湿性粉剂 600—700 倍液喷雾。

4. 病毒病：选用 20% 吗胍·乙酸铜可湿性粉剂 500—800 倍
液、0.003% 丙酰芸苔素内酯水剂 3000 倍液或 0.5% 香菇多糖水剂
300 倍液喷雾。

5. 蚜虫：在黄板诱杀的同时，选用 25% 噻虫嗪水分散粒剂
5000—6000 倍液、0.3% 苦参碱水剂 300—400 倍液或 35% 吡虫啉
悬浮剂 5000—6000 倍液喷雾。

6. 送嫁药：移栽前 3 天要喷施送嫁肥和送嫁药，选用磷酸二
氢钾 700 倍液 +72.2% 霜霉威盐酸盐水剂 600 倍液 +50% 醚菌酯水
分散粒剂 3000 倍液喷雾。

三、定植地土壤消毒

1. 耕作措施：实行轮作，特别前茬种植葫芦科蔬菜的菜地，
不宜再种西葫芦。高畦深沟，地膜覆盖栽培。

2. 土壤消毒：秋冬春在大棚内种植，病害尤为严重，应翻耕
后耙平灌浅水，利用夏季强日照，进行太阳能消毒；防治地下害

虫，每公顷用3%辛硫磷颗粒剂60—75公斤。

3. 化学除草：整畦后移栽前每公顷用96%精异丙甲草胺乳油1125—1275毫升，兑水900升喷雾土表后则可移栽。

四、定植—开花结果期病虫防治措施

1. 枯萎病、病毒病、霜霉病：防治方法参照苗期用药。

2. 白粉病：选用80%硫磺水分散粒剂400—600倍液、50%醚菌酯水分散粒剂3000—4000倍液、12.5%腈菌唑乳油1200倍液或8%宁南霉素水剂1000—1500倍液喷雾。

3. 灰霉病：及时摘除发病的花果的同时，选用50%异菌脲可湿性粉剂1000—1500倍液、50%腐霉利可湿性粉剂1500倍液或65%甲基硫菌灵·乙霉威可湿性粉剂800—1000倍液喷雾。

4. 疫病：选用64%噁霜·锰锌可湿性粉剂600—800倍液、72.2%霜霉威盐酸盐水剂600倍液、52.5%霜脲氰·噁唑菌酮可湿性粉剂1500—2000倍液或46%氢氧化铜水分散粒剂800—1000倍液喷雾。

5. 曲霉病：于发病初期选用75%百菌清可湿性粉剂或70%甲基硫菌灵可湿性粉剂0.7公斤，均拌细土50公斤撒施瓜茎基部，也可用75%百菌清可湿性粉剂或70%甲基硫菌灵可湿性粉剂700倍液喷雾1—2次。

6. 青霉病：系贮存期病害，可用70%甲基硫菌灵可湿性粉剂500—600倍液消毒库房。果实可用70%甲基硫菌灵可湿性粉剂800倍液浸果2分钟，晾干贮存，防效极佳。

7. 斑潜蝇：在黄板诱杀的同时，选用75%灭蝇胺可湿性粉剂4500—6000倍液、5.7%甲氨基阿维菌素苯甲酸盐微乳剂6000—

8000 倍液或 0.3% 印楝素乳油 500—600 倍液喷雾。

8. 白粉虱：选用 22.4% 螺虫乙酯悬浮剂 2000—2500 倍液、25% 噻虫嗪水分散粒剂 2500—3000 倍液或 20% 啶虫脒可溶粉剂 3500—4000 倍液（限幼果前）喷雾，可结合黄板诱杀。

9. 地老虎、斜纹夜蛾：用性诱剂和灯光诱杀的同时，选用 10% 虫螨腈悬浮剂 1000—1500 倍液或 0.3% 苦参碱水剂 300—400 倍液喷雾。

10. 蚜虫：方法同苗期。

11. 瓜绢螟：选用 1.6 万国际单位 / 毫克苏云金杆菌可湿性粉剂 1500 倍液 +90% 敌百虫晶体 800—1000 倍液、5% 氟啶脲乳油 1000 倍液或 0.3% 苦参碱水剂 300—400 倍液喷雾。

特别提示：植株生长旺盛时，可适量修剪部分叶片，增强通风透光，降低湿度；浇水，喷农药，应在上午进行。

五、采收前联合预防措施

采收前实施 1 次联合药剂预防病虫害，是确保产品质量与安全的重要措施。为此，必须根据气候条件，测报灯下害虫种类和田间调查监测结果，选用相对应的安全农药品种混用。

六、采收期间安全防治措施

采收期间主要病虫害有蚜虫、白粉虱、瓜绢螟和白粉虱、疫病、霜霉病和病毒病等，应严格根据农药安全间隔期和采瓜期选用农药品种。

1. 蚜虫、白粉虱：可用 10% 溴氰虫酰胺可分散油悬浮剂 3000—3500 倍液喷雾。

2. 瓜绢螟：可用 1.6 万国际单位 / 毫克苏云金杆菌可湿性粉

剂 1200 倍液喷雾。

3. 白粉病：可用 80% 硫磺水分散粒剂 500—600 倍液喷雾。

4. 霜霉病：可用 10% 氰霜唑悬浮剂 2000—2500 倍液喷雾。

5. 病毒病：可用 0.003% 丙酰芸苔素内酯水剂 3000 倍液喷雾。

第四节　苦瓜

苦瓜主要病害有猝倒病、根腐病、枯萎病、疫病、霜霉病、白粉病、白绢病、菌核病、病毒病、炭疽病、蔓枯病、黑斑病、细菌性角斑病等，主要虫害有黄守瓜、瓜绢螟、橘小实蝇、瓜实蝇、蚜虫、茶黄螨、白粉虱、斑潜蝇、蓟马和地下害虫等危害。

一、播前种子处理

苦瓜种皮厚，发芽慢，可用钳子或剪刀将种子尖端旁夹破种皮，但不能损伤胚芽，以利吸水，促进发芽。

1. 温汤浸种：用 50—55℃温水（需恒温）浸种 25—30 分钟，待水温降至常温时，继续浸种 15—20 分钟；捞去瘪籽，用清水冲洗干净后用湿布包裹；在常温下催芽，每天要用温水洗一次，经 4—5 天种子露白后播种。

2. 药液浸种：先将种子用清水浸泡 2—4 小时，捞去瘪籽，倒入 72.2% 霜霉威盐酸盐水剂 1000 倍液中，浸种 30 分钟，再用清水冲洗干净后播种，对疫病防治效果较好。

3. 药剂拌种：用种子量 0.3%—0.4% 的 50% 福美双可湿性粉剂拌种，预防疫病、炭疽病。

二、苗床土或基质消毒

1. 育苗场所消毒：育苗场所消毒，前茬需选非种植十字花科蔬菜地，整畦压平后选用 50% 福美双可湿性粉剂 8—10 克 / 米^2 浇洒后盖膜（用育苗架的无需盖膜）待用。凡大棚育苗场所，均应同时进行空间消毒，用硫磺 4 克 + 锯末 10 克 / 米^3 混匀，分置 3—5 个容器内燃烧，于晚上 7 时左右进行，且密闭 24 小时以上。

2. 基质消毒：按基质 200 份加入 50% 多菌灵可湿性粉剂 1 份，均匀撒施，拌匀后盖薄膜密封，5 天后揭膜播种。

三、幼苗期病虫防治措施

1. 药剂预防：幼苗期主要预防猝倒病、根腐病和地下害虫。可选用 72.2% 霜霉威盐酸盐水剂 600 倍液 +50% 二嗪磷乳油 1200 倍液喷浇。

2. 送嫁药肥：在幼苗定植前 3 天，用磷酸二氢钾 15—20 克 +14 升水 +50% 多菌灵可湿性粉剂 600 倍液喷洒幼苗，做到带肥带药移栽。

3. 种植地土壤消毒：忌重茬，应选用于非瓜类种植地。每公顷用碳酸氢铵 1125 公斤，均匀撒施，薄膜覆盖消毒；或用 50% 多菌灵可湿性粉剂拌干细土（1：200），均匀撒施定植穴内。

四、抽蔓—开花结果期病虫防治措施

1. 猝倒病、根腐病：选用 72.2% 霜霉威盐酸盐水剂 500—600 倍液或 30% 噁霉灵水剂 1000—1300 倍液浇灌。

2. 枯萎病：选用 30% 噁霉灵水剂 1000—1300 倍液、高锰酸钾 800—1000 倍液或 50% 醚菌酯水分散粒剂 4000—5000 倍液喷雾。

3. 霜霉病、疫病：选用80%三乙膦酸铝可湿性粉剂600—800倍液、70%丙森锌可湿性粉剂500—700倍液、50%烯酰吗啉可湿性粉剂800—1000倍液、52.5%噁酮·霜脲氰水分散粒剂2000—3000倍液或68%精甲霜灵·锰锌水分散粒剂600倍液喷雾。

4. 白粉病：选用50%醚菌酯水分散粒剂3500倍液（勿连用）、80%硫磺水分散粒剂400—600倍液或8%宁南霉素水剂1000—1500倍液。

5. 白绢病：选用68%精甲霜灵·锰锌水分散粒剂600—800倍液或3%井冈霉素水剂300倍液喷雾。

6. 灰霉病、菌核病：选用40%嘧霉胺悬浮剂1500—2000倍液、50%异菌脲可湿性粉剂1000—1500倍液、50%腐霉利可湿性粉剂800—1500倍液或65%甲基硫菌灵·乙霉威可湿性粉剂800—1000倍液喷雾。

7. 炭疽病：选用50%咪鲜胺锰盐可湿性粉剂800—1000倍液、40%腈菌唑可湿性粉剂6000—7000倍液、50%醚菌酯水分散粒剂3000—4000倍液或50%克菌丹可湿性粉剂500—600倍液喷雾。

8. 蔓枯病：选用50%异菌脲可湿性粉剂800—1000倍液、70%甲基硫菌灵可湿性粉剂800—1000倍液或40%腈菌唑可湿性粉剂6000—7000倍液喷雾。

9. 黑斑病：选用50%腐霉利可湿性粉剂1500倍液、50%异菌脲可湿性粉剂1000倍液、75%百菌清可湿性粉剂700倍液或80%代森锰锌可湿性粉剂800倍液喷雾。

10. 细菌性角斑病：选用30%壬菌铜水乳剂500—600倍液、

2% 春雷霉素水剂 600—800 倍液或 77% 硫酸铜钙可湿性粉剂 600 倍液喷雾。

11. 黄守瓜：选用 25% 噻虫嗪水分散粒剂 5000—6000 倍液、2.5% 氯氟氰菊酯乳油 2000—3000 倍液、20 亿 PIB/ 克甘蓝夜蛾核型多角体病毒悬浮剂 700—1000 倍液、90% 敌百虫晶体 1500 倍液或 80% 敌敌畏乳油 1500 倍液（杀灭成虫）喷雾。

12. 瓜绢螟：选用 0.3% 苦参碱水剂 300—400 倍液、1.6 万国际单位 / 毫克苏云金杆菌可湿性粉剂 1500 倍液 +15% 茚虫威悬浮剂 1500—2000 倍液或 5% 氟啶脲乳油 2000—3000 倍液喷雾。

13. 橘小实蝇、瓜实蝇：除用涂有性信息素的黄板诱杀外，选用 2.5% 溴氰菊酯乳油 3000 倍液、5.7% 甲氨基阿维菌素苯甲酸盐微乳剂 6000—8000 倍液或 80% 敌敌畏乳油 1000 倍液喷雾。

14. 蚜虫：在用黄板诱杀的同时，选用 35% 吡虫啉悬浮剂 5000—6000 倍液、0.3% 苦参碱水剂 300—400 倍液、25% 噻虫嗪水分散粒剂 5000—6000 倍液或 5.7% 氟氯氰菊酯乳油 3000 倍液喷雾。

15. 斑潜蝇：选用 75% 灭蝇胺可湿性粉剂 4500—6000 倍液、5.7% 甲氨基阿维菌素苯甲酸盐微乳剂 5000—6000 倍液或 0.3% 印楝素乳油 500—600 倍液喷雾。

16. 蓟马：在用蓝板诱杀的同时，选用 0.3% 苦参碱水剂 300—400 倍液、25% 噻虫嗪水分散粒剂 5000—6000 倍液或 20% 啶虫脒可溶粉剂 5000—6000 倍液（限显蕾前）喷雾。

17. 茶黄螨：选用 0.3% 印楝素乳油 300 倍液或 10% 溴氰虫酰胺可分散油悬浮剂 3000 倍液喷雾。

18. 白粉虱：选用 22.4% 螺虫乙酯悬浮剂 2000—2500 倍液或

25%噻虫嗪水分散粒剂5000—6000倍液喷雾。

19.地下害虫：选用0.3%苦参碱水剂300—400倍液或5.7%甲氨基阿维菌素苯甲酸盐微乳剂6000—8000倍液浇灌。

特别提示：因苦瓜蜡质层较厚而光滑，影响药剂附着，影响药效。为此，施药时务必注意加入展着剂，同时选用雾化细的喷头，方可确保药效。

五、采收前病虫害联合防治措施

采收前应根据气候条件，测报灯下害虫种类和田间调查后，明确第一次采收前可能发生病虫害种类，制定相对应的安全联合预防措施，以免措手不及或农残法定检测超标。

六、采收期间病虫害安全防治措施

苦瓜采收期很长，采收期间不可避免还有病虫害发生，其中有瓜绢螟、橘小实蝇、瓜实蝇、蚜虫、茶黄螨、蓟马、白粉虱和霜霉病、疫病和白绢病。为此，第一次采收时应采用边采收边加强可能发生病虫害的预防工作，根据每次采收间隔期，选用安全的农药品种使用，应特别注意安全间隔期。

第五节　佛手瓜

佛手瓜主要病害有猝倒病、根腐病、霜霉病、白粉病、炭疽病、黑星病、蔓枯病、叶斑病（叶点霉）等，主要虫害有白粉虱、红蜘蛛、蓟马、蚜虫、斑潜蝇、蜗牛、蛞蝓、黄守瓜等危害。

一、综合预防措施

防治佛手瓜病虫害应做好综合预防工作，着重采用农业措施，结合施药防治。首先，实行轮作制、避免重茬、覆盖地膜以减少初侵染源。其次，要加强栽培管理，增施磷、钾肥，苗期不施人粪尿，施肥以离瓜株30—40厘米环施为佳。再次，可应用黄板诱杀蚜虫、白粉虱、斑潜蝇，用蓝板诱杀蓟马，以达到降低虫口基数。

二、幼苗期—抽蔓期—开花结果期防治措施

1. 猝倒病、根腐病：选用72.2%霜霉威盐酸盐水剂600倍液、3%多抗霉素水剂500—700倍液或10亿芽孢/克枯草芽孢杆菌可湿性粉剂100—300倍液浇灌。

2. 白粉病：选用40%氟硅唑乳油8000—10000倍液、75%百菌清可湿性粉剂600—800倍液或10亿芽孢/克枯草芽孢杆菌可湿性粉剂500—800倍液喷雾。

3. 炭疽病：选用70%甲基硫菌灵可湿性粉剂800倍液、25%嘧菌酯悬浮剂1500倍液或50%腐霉利可湿性粉剂1000—1500倍液喷雾。

4. 黑星病：选用80%代森锰锌可湿性粉剂800倍液、75%百菌清可湿性粉剂600倍液或25%嘧菌酯悬浮剂1500倍液喷雾。

5. 蔓枯病：选用46%氢氧化铜水分散粒剂1500倍液、75%百菌清可湿性粉剂600倍液、70%甲基硫菌灵可湿性粉剂800倍液或32.5%苯醚·嘧菌酯悬浮剂1000—1600倍液喷雾。

6. 叶斑病（叶点霉）：选用80%代森锰锌可湿性粉剂600—800倍液、75%百菌清可湿性粉剂600—800倍液或64%噁霜·锰锌可湿性粉剂500—600倍液喷雾。

7. 白粉虱：选用22%螺虫乙酯·噻虫啉悬浮剂1500—2500

倍液、10%溴氰虫酰胺悬浮剂1000倍液或2.5%氯氟氰菊酯乳油5000倍液喷雾。

8.红蜘蛛：选用5.7%甲氨基阿维菌素苯甲酸盐微乳剂5000—6000倍液或43%联苯肼酯悬浮剂2000—3000倍液喷雾。

9.蓟马、蚜虫：选用35%吡虫啉悬浮剂5000—6000倍液、20%啶虫脒可溶粉剂4000—5000倍液、0.3%苦参碱水剂300—400倍液或10%溴氰虫酰胺悬浮剂3000倍液喷雾。

10.黄守瓜：选用25%噻虫嗪水分散粒剂3000—4000倍液、2.5%鱼藤酮乳油500倍液或20亿PIB/克甘蓝夜蛾核型多角体病毒悬浮剂700—1000倍液喷雾。

11.斑潜蝇：可用75%灭蝇胺可湿性粉剂4500—6000倍液（于露水干后喷药为佳）喷雾。

12.蜗牛、蛞蝓：选用30%茶皂素水剂300—400倍液浇灌或撒施6%四聚乙醛颗粒剂22.5公斤/公顷。

第六节　瓠瓜

瓠瓜主要病害有立枯病、枯萎病（蔓割病、萎蔫病）、疫病、霜霉病、白粉病、炭疽病、绵腐病、灰霉病、细菌性叶斑病、病毒病等，主要虫害有瓜绢螟、瓜蚜、黄守瓜和斜纹夜蛾等危害，其防治措施除了选择抗病品种；育苗期的种子、苗床处理和合理密植、高畦种植外，生育期应以预防为主，可选用性、色板、光诱杀害虫，结合化学防治。

一、育苗前预防措施

1.温汤浸种：55℃温水浸种15分钟，可预防疫病。

2. 药剂拌种：用 32% 多·福可湿性粉剂（取种子量的 0.2%）或 50% 多菌灵可湿性粉剂（取种子量的 0.3%）拌种，可预防立枯病、枯萎病（蔓割病、萎蔫病）。

3. 土壤消毒：可根据防治对象不同选用以下措施中的一种。① 40% 五氯硝基苯粉剂 15 公斤 / 公顷拌细土 20 公斤，于播种前撒施；② 40% 五氯硝基苯粉剂 +50% 福美双可湿性粉剂，按 1∶1 的比例混成药土撒施 8 克 / 米^2；③预防绵腐病，于定植前穴施 10 亿芽孢 / 克的枯草芽孢杆菌可湿性粉剂 30—45 公斤 / 公顷拌土。

4. 农业措施：防止苗床高温高湿，播种量要合适。

二、幼苗期—抽蔓期—开花结果期防治措施

1. 立枯病：选用 72.2% 霜霉威盐酸盐水剂 1200 倍液、30% 噁霉灵水剂 1300 倍液、50% 福美双可湿性粉剂 800 倍液或 5% 井冈霉素水剂 1500 倍液浇灌。

2. 枯萎病（蔓割病、萎蔫病）：选用 40% 五氯硝基苯粉剂 500 倍液、70% 甲基硫菌灵可湿性粉剂 600 倍液或 2% 春雷霉素水剂 700 倍液浇灌。

3. 病毒病：选用 40% 烯·羟·吗啉胍可溶粉剂 500 倍液、0.003% 丙酰芸苔素内酯水剂 3000 倍液、6% 烷醇·硫酸铜可湿性粉剂 500—750 倍液、20% 吗啉胍·乙铜可湿性粉剂 500—700 倍液或 2% 氨基寡糖素水剂 600—800 倍液喷雾。

特别提示：以下病害应在坚持采用高畦栽培并覆盖地膜、保持田间排水通畅、严控土壤湿度等农业措施的基础上，选用下列药剂防治 2—3 次。

4. 疫病：选用 72.2% 霜霉威盐酸盐水剂 800 倍液、72% 霜

脲·锰锌可湿性粉剂 700 倍液、64% 噁霜·锰锌可湿性粉剂 500 倍液、75% 百菌清可湿性粉剂 600 倍液或 69% 烯酰吗啉·锰锌可湿性粉剂 800 倍液喷雾。

5. 霜霉病：选用 72.2% 霜霉威盐酸盐水剂 500—800 倍液、75% 百菌清可湿性粉剂 800 倍液或 52.5% 噁酮·霜脲氰水分散粒剂 2500 倍液喷雾。

6. 白粉病：选用 8% 宁南霉素水剂 1000—1500 倍液、40% 多·硫悬浮剂 1000 倍液喷雾、75% 百菌清可湿性粉剂 500 倍液或 50% 醚菌酯水分散粒剂 2000 倍液喷雾。

7. 炭疽病：选用 70% 甲基硫菌灵可湿性粉剂 600 倍液、80% 代森锰锌可湿性粉剂 600 倍液、80% 福·福锌可湿性粉剂 800 倍液或 75% 肟菌酯·戊唑醇水分散粒剂 3000—4000 倍液喷雾。

8. 绵腐病：在生长前期，发病初期选用 72.2% 霜霉威盐酸盐水剂 600—700 倍液、72% 霜脲·锰锌可湿性粉剂 600 倍液、64% 噁霜·锰锌可湿性粉剂 500 倍液喷雾。在生长中期，发病初期选用 47% 春雷·王铜可湿性粉剂 800—1000 倍液、69% 烯酰吗啉·锰锌可湿性粉剂 1000 倍液喷雾，或用 10 亿芽孢/克枯草芽孢杆菌可湿性粉剂 30—60 公斤/公顷兑水 100—300 倍液灌根。

9. 灰霉病：选用 50% 腐霉利可湿性粉剂 1000—1500 倍液、50% 异菌脲可湿性粉剂 1500 倍液、75% 百菌清可湿性粉剂 600 倍液或 40% 嘧霉胺悬浮剂 800—1000 倍液喷雾。

10. 细菌性叶斑病：选用 20% 噻菌酮悬浮剂 500—700 倍液、47% 春雷霉素·王铜可湿性粉剂 600—800 倍液、46% 氢氧化铜水分散粒剂 1000—1500 倍液、50% 氯溴异氰尿酸可湿性粉剂 1000—1500 倍液或 15% 络氨铜水剂 600 倍液喷雾。

11. 瓜绢螟：选用 0.3% 苦参碱水剂 300—400 倍液、5% 氟啶脲乳油 2000—3000 倍液、1.6 万国际单位 / 毫克苏云金杆菌可湿性粉剂 1500 倍液 +15% 茚虫威悬浮剂 1500—2000 倍液喷雾。

12. 瓜蚜：选用 35% 吡虫啉悬浮剂 5000—6000 倍液、25% 噻虫嗪水分散粒剂 5000—6000 倍液、20% 啶虫脒可溶粉剂 3500—4000 倍液或 0.3% 苦参碱水剂 300—400 倍液喷雾。

13. 黄守瓜：选用 2.5% 氯氟氰菊酯乳油 2000—3000 倍液、25% 噻虫嗪水分散粒剂 5000—6000 倍液、90% 敌百虫晶体 1000 倍液或 20 亿 PIB/ 克甘蓝夜蛾核型多角体病毒悬浮剂 750—1000 倍液喷雾。

14. 斜纹夜蛾：选用 15% 茚虫威悬浮剂 3000—4000 倍液、5% 氯虫苯甲酰胺水分散粒剂 1500—2000 倍液、10% 虫螨腈悬浮剂 2500—3000 倍液、24% 甲氧虫酰肼悬浮剂 2500—3000 倍液或 200 亿 PIB/ 克斜纹夜蛾核型多角体病毒水分散粒剂 5000—6000 倍液喷雾。

三、移栽前杂草防除

1. 整地做畦后随即移栽地：于移栽前 1—2 天，每公顷选用 33% 二甲戊灵乳油 1500 毫升、96% 精异丙甲草胺乳油 1050—1200 毫升、48% 甲草胺乳油 3750 毫升，兑水 750—900 升，喷雾封闭土表，移栽时尽量少翻动土层，以免影响药效。

2. 免耕移栽地或移栽时田间杂草已多数出苗地：于移栽前 2—3 天，每公顷选 18% 草铵膦水剂 3750 毫升与上条中的一种除草剂全量混用，兑水 900 升，针对杂草喷雾，有杀灭田间现存杂草和预防后续杂草发生的作用。

第七节 丝瓜

丝瓜主要病害有猝倒病、霜霉病、绵腐病、白粉病、疫病、炭疽病等，主要虫害有瓜绢螟、瓜蚜、黄足黑守瓜、黑足黑守瓜等危害。

一、综合防治措施

1. 苗床消毒：每平方米施用 40% 五氯硝基苯粉剂 9 克，或 35% 甲霜灵种子处理干粉剂 9 克 +70% 代森锰锌可湿性粉剂 1 克拌细土 4—5 公斤，先浇足苗床水，尔后将 1/3 药土施入畦面后播种，再盖入 2/3 药土即可。

2. 诱杀害虫：黄板诱杀有翅蚜。

3. 农业措施：覆盖地膜栽培或瓜田地表撒草木灰、木屑、谷糠灰以防产卵。

二、幼苗期—抽蔓期—开花结果期防治措施

1. 猝倒病：于发病初期，选用 40% 五氯硝基苯粉剂 500 倍液、72.2% 霜霉威盐酸盐水剂 600—700 倍液或 30% 噁霉灵水剂 1000 倍液浇灌。

2. 霜霉病：选用 30% 壬菌铜水乳剂 500—600 倍液、68% 精甲霜灵·锰锌水分散粒剂 600 倍液、52.5% 噁酮·霜脲氰水分散粒剂 2000—3000 倍液、25% 嘧菌酯悬浮剂 500—1000 倍液或 50% 烯酰吗啉可湿性粉剂 800—1000 倍液喷雾。

3. 绵腐病、疫病：选用 68% 精甲霜灵·锰锌水分散粒剂 800 倍液、46% 氢氧化铜水分散粒剂 1200 倍液或 64% 噁霜·锰锌可湿

性粉剂 600 倍液喷雾。

4. 白粉病：选用 75% 百菌清可湿性粉剂 500—600 倍液、8% 宁南霉素水剂 1000—1500 倍液、40% 多·硫悬浮剂 1000 倍液或 0.5% 大黄素甲醚水剂 750—1000 倍液喷雾。

5. 炭疽病：选用 75% 百菌清可湿性粉剂 600 倍液、68% 精甲霜灵·锰锌水分散粒剂 700 倍液、50% 咪鲜胺锰盐可湿性粉剂 800—1000 倍液或 32.5% 苯醚·嘧菌酯悬浮剂 1000—1600 倍液喷雾。

6. 瓜绢螟：选用 10% 氯氰菊酯乳油 1500 倍液、2.5% 氯氟氰菊酯乳油 3000 倍液、0.3% 苦参碱水剂 300—400 倍液或 5% 氟啶脲乳油 2000—3000 倍液喷雾。

7. 瓜蚜：选用 35% 吡虫啉悬浮剂 4000—5000 倍液、0.3% 苦参碱水剂 300—400 倍液或 25% 噻虫嗪水分散粒剂 5000—6000 倍液喷雾。

8. 黄足黑守瓜、黑足黑守瓜：防治幼虫，用 90% 敌百虫晶体或 40% 辛硫磷乳油 1500 倍液灌根；防治成虫，选用 35% 吡虫啉悬浮剂 4000 倍液、90% 敌百虫晶体 1500 倍液、4.5% 高效氯氰菊酯乳油 1500 倍液或 20% 啶虫脒可溶粉剂 5000 倍液喷雾。

三、杂草防除

1. 移栽前除草：每公顷用 60% 丁草胺乳油 1500 毫升，兑水 750 升，喷雾封闭后穴植丝瓜。

2. 移栽缓苗后：植株高 15 厘米左右时，每公顷用 50% 敌草胺可湿性粉剂 3000—7500 克或 48% 甲草胺乳油 3000—7500 毫升，兑水 750 升，针对杂草定向喷药。

第八节　冬瓜

冬瓜主要病害有疫病、枯萎病、蔓枯病、白粉病、炭疽病、绵腐病、病毒病等，主要虫害有瓜蓟马、烟粉虱、白粉虱、蚜虫、黄守瓜、蜗牛等危害。

一、综合预防措施

1.农业措施：如选用抗（耐）病虫品种、采取科学的栽培技术（深翻土壤、高畦栽培、合理轮作等）培育无病虫壮苗、移栽前炼苗、嫁接防病育苗，移栽本田生长期的合理密植，良好的田间水、肥、气、光管理均有利于抵制病虫危害。

2.温汤浸种：种子在 50—53℃温水中浸泡 15—20 分钟，在此期间应不断搅拌，均匀受热，尔后在常温下浸种、催芽。

3.药剂浸种或干热处理：病毒病严重的地区，可用 10% 磷酸三钠液浸种 10 分钟；或种子用 70℃恒温处理 72 小时。

4.药剂拌种：50% 福美双可湿性粉剂按种子量的 0.3% 拌种。

5.苗床消毒：用 35% 甲霜灵种子处理干粉剂 0.4 公斤或 50% 多菌灵可湿性粉剂 0.5 公斤拌细土 100 公斤作苗床土。

6.诱杀害虫：黄板诱杀有翅蚜，蓝板诱杀蓟马。

二、幼苗期—抽蔓期—开花结果期防治措施

1.立枯病：选用 5% 井冈霉素水剂 500 倍液、30% 噁霉灵水剂 1000—1300 倍液、72.2% 霜霉威盐酸盐水剂 800 倍液 +50% 福美双可湿性粉剂 800 倍液或 75% 百菌清可湿性粉剂 600 倍液浇灌。

2.疫病：选用 68% 精甲霜灵·锰锌水分散粒剂 600 倍液、25%

嘧菌酯悬浮剂 600 倍液、68.75% 氟吡菌胺·霜霉威悬浮剂 1000—1500 倍液或 75% 百菌清可湿性粉剂 600 倍液喷雾。

3. 枯萎病：选用 70% 甲基硫菌灵可湿性粉剂 1500 倍液或 2% 春雷霉素水剂 700 倍液浇灌。

4. 蔓枯病：选用 75% 百菌清可湿性粉剂 600 倍液、70% 甲基硫菌灵可湿性粉剂 1000 倍液、22.5% 啶氧菌酯水分散粒剂 1500—2000 倍液或 50% 异菌脲可湿性粉剂 800—1500 倍液喷雾。

5. 白粉病：选用 8% 宁南霉素水剂 1000—1500 倍液、40% 多·硫悬浮剂 1000 倍液或 75% 百菌清可湿性粉剂 500 倍液喷雾。

6. 灰霉病：选用 40% 氟硅唑乳油 8000 倍液、70% 代森锰锌可湿性粉剂 800 倍液或 75% 百菌清可湿性粉剂 600 倍液喷雾。

7. 炭疽病：选用 70% 甲基硫菌灵可湿性粉剂 800 倍液、75% 百菌清可湿性粉剂 800 倍液、25% 嘧菌酯悬浮剂 500—1000 倍液或 80% 福·福锌可湿性粉剂 800 倍液喷雾。

8. 绵腐病：选用 15% 络氨铜水剂 300 倍液、72.2% 霜霉威盐酸盐水剂 600—700 倍液、47% 春雷·王铜可湿性粉剂 800—1000 倍液或 69% 烯酰吗啉·锰锌可湿性粉剂 1000 倍液喷雾。

9. 病毒病：选用 8% 宁南霉素水剂 1000 倍液、0.003% 丙酰芸苔素内酯水剂 3000 倍液、6% 烷醇·硫酸铜可湿性粉剂 700 倍液或 0.5% 香菇多糖水剂 300 倍液喷雾。

10. 瓜蓟马、粉虱：选用 20% 啶虫脒可溶粉剂 4000—5000 倍液、22.4% 螺虫乙酯悬浮剂 2000—3000 倍液、25% 噻虫嗪水分散粒剂 3000—4000 倍液或 6% 乙基多杀菌素悬浮剂 1000—1500 倍液（仅蓟马）喷雾。

11. 蚜虫：选用 35% 吡虫啉悬浮剂 5000—6000 倍液、25% 噻虫嗪水分散粒剂 5000—6000 倍液、2.5% 鱼藤酮乳油 800—1000 倍液或 20% 啶虫脒可溶粉剂 3500—4000 倍液喷雾。

12. 黄瓜守：选用 25% 噻虫嗪水分散粒剂 5000—6000 倍液、2.5% 氯氟氰菊酯乳油 2000—3000 倍液、90% 敌百虫晶体 1500 倍液或 20 亿 PIB/ 克甘蓝夜蛾核型多角体病毒悬浮剂 700—1000 倍液喷雾。

13. 蜗牛：可用 6% 四聚乙醛颗粒剂 22.5 公斤 / 公顷诱杀，或选用 96% 硫酸铜晶体 800—1000 倍液（苗期禁用）3% 茶皂素水剂 300—400 倍液喷雾。浇洒茶籽饼粉浸出液或直接施入茶籽饼粉，都具有良好杀灭效果。具体做法是，每公顷用 225 公斤茶籽饼粉浸入 2250 升水中 24 小时后，即可浇施；或把同样用量的茶籽饼粉直接拌基肥施入土中。

三、杂草防除

1. 移栽前杂草防除：①整地做畦后随即移栽地，于移栽前 1—2 天，每公顷选用 33% 二甲戊灵乳油 1500 毫升，或 96% 精异丙甲草胺乳油 1050—1200 毫升，或 48% 甲草胺乳油 3750 毫升，兑水 750—900 升，喷雾封闭土表，移栽时尽量少翻动土层，以免影响药效。②免耕移栽地或移栽时田间杂草已多数出苗地，于移栽前 2—3 天，每公顷用 18% 草铵膦水剂 3750 毫升，与上述提及的二甲戊灵、精异丙甲草胺等中的 1 种全量混用，有杀灭田间现存杂草和预防后续杂草发生的作用。

2. 移栽后杂草防除：①移栽返青后、杂草出苗前，每公顷用 48% 甲草胺乳油 3000—3750 毫升或 96% 精异丙甲草胺乳油 1050—1200 毫升，兑水 750—900 升，喷雾封闭土表。②移栽返青后，株高 15 厘米左右，于一年生禾本科杂草 2—3 叶期，每公顷选用 5% 精喹禾灵乳油或 15% 精吡氟禾草灵乳油 600—750 毫升，或 10.8% 高效氟吡甲禾灵乳油 300—375 毫升，或 20% 烯禾啶乳油 1050 毫升，或 6.9% 精噁唑禾草灵乳油 750—900 毫升，兑水 750—900 升，针对性定向喷雾于杂草上。

特别提示：施药时应严格掌握苗情、草情适时用药。土壤湿润是发挥药效的关键；定向喷雾必须用防护罩，避免接触植株和飘移到周边禾本科作物。

第九节 西瓜

西瓜主要病害有猝倒病、立枯病、枯萎病、蔓枯病、炭疽病、黑斑病、根腐病、白粉病、灰霉病、菌核病、疫病、病毒病、细菌性叶枯病、根结线虫病等，主要虫害有蓟马、茶黄螨、红蜘蛛、瓜实蝇、烟粉虱、橘小实蝇、白粉虱、斑潜蝇、蚜虫、黄守瓜、黄足黑守瓜、地老虎等危害。

一、播种前预防措施

1. 种子消毒：①用 50℃温水浸种 20 分钟；②用 50% 多菌灵可湿性粉剂（使用量为种子量的 0.3%）拌种；③预防黑斑病，用 75% 百菌清可湿性粉剂或 50% 异菌脲可湿性粉剂 1000 倍液，浸种 2 小时洗净催芽。

2. 育苗场所消毒：前茬需选种植非葫芦科蔬菜地，整畦压平后选用 50% 福美双可湿性粉剂 8—10 克 / 米^2 浇洒后盖膜（用育苗架的无需盖膜）待用。凡大棚育苗场所，应同时进行空间消毒，用硫磺 4 克 + 锯末 10 克 / 米^3 混匀，分置 3—5 个容器内燃烧，于晚上 7 时左右进行，且密闭 24 小时以上。

3. 育苗基质消毒：配好的基质用 35% 甲霜灵种子处理干粉剂 7 克 / 米³ 处理床土或用其 700 倍液喷施土层，或用基质量 0.2% 的 50% 多菌灵可湿性粉剂拌基质。

二、苗期病虫害防治措施

1. 猝倒病、立枯病：选用 72.2% 霜霉威盐酸盐水剂 600 倍液或 10 亿芽孢 / 克枯草芽孢杆菌可湿性粉剂 100—300 倍液浇灌。

2. 根腐病：发病初，选用 50% 克菌丹可湿性粉剂 600—700 倍液或 70% 甲基硫菌灵可湿性粉剂 700 倍液浇灌。

3. 炭疽病：选用 70% 甲基硫菌灵可湿性粉剂 800 倍液、75% 百菌清可湿性粉剂 800 倍液、50% 异菌脲可湿性粉剂 1500—2000 倍液、45% 咪鲜胺可湿性粉剂 1500 倍液 +50% 克菌丹可湿性粉剂 700 倍液（对急性炭疽病有特效）、10% 苯醚甲环唑水分散粒剂 800—1000 倍液或 25% 吡唑醚菌酯乳油 1500 倍液喷雾。

4. 疫病：选用 72.2% 霜霉威盐酸盐水剂 800 倍液、72% 霜脲·锰锌可湿性粉剂 700 倍液、64% 噁霜·锰锌可湿性粉剂 500 倍液、69% 烯酰吗啉·锰锌可湿性粉剂 600 倍液或 68.75% 氟菌·霜霉威悬浮剂 600 倍液喷雾。

5. 病毒病：重点预防蚜虫，可用 35% 吡虫啉悬浮剂 5000—6000 倍液。发病初，可选用 0.01% 芸苔素内酯水剂 3000—4000 倍液、2% 氨基寡糖素水剂 500—800 倍液或 0.003% 丙酰芸苔素内酯水剂 3000 倍液喷雾。

6. 送嫁药：移栽前 2 天用 70% 甲基硫菌灵可湿性粉剂 800 倍液 +50% 醚菌酯水分散粒剂 4500 倍液喷雾。

三、定植前预防措施

1. 耕作措施：种植忌与瓜类作物连作，应采用高畦栽培，避免积水，保持通风良好。

2. 种植地处理：种植地每公顷用碳酸氢铵1125公斤均匀撒施覆膜闷杀3—5天（晴），揭膜后整畦。

3. 定植水：用50%敌磺钠可湿性粉剂800倍液+50%克菌丹可湿性粉剂700倍液浇灌。

4. 化学除草：①移栽前3天，每公顷用50%敌草胺可湿性粉剂1500—2250克，兑水900升，喷雾封闭土表；②苗后一年生禾本科杂草3—4叶期，每公顷用6.9%精噁唑禾草灵乳油750—800毫升，兑水900升，茎叶针对性喷雾。

四、生长期—果实膨大期病虫防治措施

1. 炭疽病、蔓枯病：选用70%甲基硫菌灵可湿性粉剂800倍液、25%吡唑醚菌酯乳油1300倍液、50%克菌丹可湿性粉剂600倍液+50%异菌脲可湿性粉剂1000倍液、68.75%噁唑菌酮·锰锌水分散粒剂800—1200倍液或70%甲基硫菌灵可湿性粉剂1000倍液+75%百菌清可湿性粉剂1000倍液喷雾。

2. 枯萎病：应用嫁接技术是防治枯萎病的最佳措施。药剂防治可选用30%噁霉灵水剂1000—1300倍液、高锰酸钾800—1000倍液或50%福美双可湿性粉剂500倍液+96%硫酸铜晶体1000倍液浇灌。

3. 白粉病：选用25%嘧菌酯悬浮剂600—800倍液、80%硫磺水分散粒剂400—600倍液、50%醚菌酯水分散粒剂3500倍液（禁止连续使用）、40%腈菌唑可湿性粉剂4000—6000倍液或30%壬

菌铜水乳剂 600—800 倍液喷雾。

4. 疫病：防治方法同苗期。

5. 灰霉病、菌核病：选用 50% 腐霉利可湿性粉剂 1500—2000 倍液或 50% 异菌脲可湿性粉剂 1500—2000 倍液喷雾。

6. 黑斑病：选用 50% 腐霉利可湿性粉剂 1500 倍液、50% 异菌脲可湿性粉剂 1000 倍液、80% 代森锰锌可湿性粉剂 600 倍液或 75% 百菌清可湿性粉剂 800 倍液喷雾。

7. 细菌性叶枯病：选用 2% 春雷霉素水剂 600—800 倍液、77% 硫酸铜钙可湿性粉剂 600 倍液、46% 氢氧化铜水分散粒剂 800—1000 倍液或 25% 吡唑醚菌酯乳油 1300 倍液喷雾。

8. 病毒病：选用 0.003% 丙酰芸苔素内酯水剂 3000 倍液或 2% 氨基寡糖素水剂 500—800 倍液喷雾。

9. 根结线虫病：选用 41.7% 氟吡菌酰胺悬浮剂 1000—1500 倍液或 5.7% 甲氨基阿维菌素苯甲酸盐微乳剂 5000—6000 倍液浇灌。

10. 蓟马：在使用蓝板诱杀的同时，选用 6% 乙基多杀菌素悬浮剂 2500—3000 倍液或 25% 噻虫嗪水分散粒剂 5000—6000 倍液喷雾。

11. 瓜实蝇、橘小实蝇：在使用性诱技术的同时，选用 80% 敌敌畏乳油 1500 倍液或 5% 灭蝇胺可湿性粉剂 4500—6000 倍液喷雾。

12. 黄守瓜、黄足黑守瓜：选用 2.5% 氯氟氰菊酯乳油 2000—3000 倍液、25% 噻虫嗪水分散粒剂 5000—6000 倍液或 20 亿 PIB/克甘蓝夜蛾核型多角体病毒悬浮剂 700—1000 倍液喷雾。

13. 斑潜蝇：选用 75% 灭蝇胺可湿性粉剂 4500—6000 倍液、

5.7% 甲氨基阿维菌素苯甲酸盐微乳剂 6000—8000 倍液或 0.3% 印楝素乳油 500—600 倍液喷雾。

14. 蚜虫：在使用黄板诱杀的同时，选用 25% 噻虫嗪水分散粒剂 5000—6000 倍液、20% 啶虫脒可溶粉剂 3500—4000 倍液或 35% 吡虫啉可悬浮剂 5000—6000 倍液喷雾。

15. 白粉虱、烟粉虱：在使用黄板诱杀的同时，选用 2.5% 溴氰菊酯乳油 1500—2000 倍液、5.7% 甲氨基阿维菌素苯甲酸盐微乳剂 6000—8000 倍液、5.7% 氟氯氰菊酯乳油 2500 倍液或 22.4% 螺虫乙酯悬浮剂 2000—2500 倍液喷雾。

16. 地老虎：在灯光诱杀的同时，选用 5% 氟啶脲乳油 800—1000 倍液、0.3% 苦参碱水剂 300—400 倍液或 5.7% 氟氯氰菊酯乳油 2500 倍液喷雾。

17. 茶黄螨、红蜘蛛：选用 10% 溴氰虫酰胺悬浮剂 3000 倍液、5.7% 甲氨基阿维菌素苯甲酸盐微乳剂 6000—7000 倍液或 43% 联苯肼酯悬浮剂 2000—3000 倍液喷雾。

特别提示：因西瓜蜡质层较厚而光滑，影响药剂附着，影响药效。为此，施药时务必注意加入展着剂，同时选用雾化细的喷头，方可确保药效。

五、采收前预防措施

在较长的采收期间，以保果为主，可能危害的病虫害有疫病、炭疽病、瓜实蝇、橘小实蝇、白粉虱和螨类等。特别是病害有一定潜伏期，所以第一次采摘前药剂联合预防必不可少，应根据气候条件、测报灯下害虫种类和田间调查结果，选择不同安全期适宜的药剂混配施用，以确保产品安全。

六、采收期间防治措施

1. 白粉虱：可用 25% 噻虫嗪水分散粒剂 2500—3000 倍液喷雾。

2. 螨类：可用 5.7% 甲氨基阿维素苯甲酸盐微乳剂 6000—8000 倍液喷雾。

3. 瓜食蝇、橘小实蝇：选用 75% 灭蝇胺可湿性粉剂 4500—6000 倍液或 6% 乙基多杀菌素悬浮剂 1500—2000 倍液喷雾。

4. 炭疽病、白粉病：可用 50% 克菌丹可湿性粉剂 700 倍液 +45% 咪鲜胺乳油 2000—3000 倍液喷雾。

5. 疫病：选用 52.5% 噁酮·霜脲氰水分散粒剂 2000—3000 倍液或 80% 三乙膦酸铝可湿性粉剂 800 倍液喷雾。

第十节　甜瓜

甜瓜主要病害有猝倒病、霜霉病、炭疽病、白粉病、疫病、蔓枯病、枯萎病、叶枯病、青枯病、细菌性角斑病、病毒病、根结线虫病等，主要虫害有瓜蚜、红蜘蛛、茶黄螨、瓜蓟马、黄足黄守瓜等危害。

一、综合防治措施

1. 苗床土消毒：配制苗床土时，每立方米营养土加入 50% 多菌灵可湿性粉剂 30 克，拌匀后装盘，并加盖薄膜加温 1—2 天。

2. 种子消毒：①浸种催芽前晒种 3—4 小时，用 50% 多菌灵可湿性粉剂 500—600 倍液浸种 15 分钟；捞出清洗后，再用 10% 磷酸三钠液浸种 20 分钟。②种子放入 50℃温水中浸种 1—2 分钟；水温降至 30℃后，再浸泡 24 小时催芽。

3. 注意排风降温：甜瓜喜干燥气候，特别是保护地内，应控制温湿度和排风，严禁大水漫灌。

4. 其他措施：选用嫁接技术以预防枯萎病，用黄板诱杀蚜虫，用蓝板诱杀蓟马。

二、幼苗期—伸蔓期—开花结果期防治措施

1. 猝倒病：发病初期，用 40% 五氯硝基苯粉剂 500 倍液浇灌，或选用 72% 霜脲·锰锌可湿性粉剂 800 倍液、72.2% 霜霉威盐酸盐水剂 600 倍液或 30% 噁霉灵水剂 1000 倍液浇灌。

2. 霜霉病：选用 69% 烯酰吗啉·锰锌可湿性粉剂 1000 倍液或 72.2% 霜霉威盐酸盐水剂 600 倍液浇灌。

3. 白粉病：选用 8% 宁南霉素水剂 1000—1500 倍液、75% 百菌清可湿性粉剂 500—800 倍液、80% 硫磺水分散粒剂 400—600 倍液、0.5% 大黄素甲醚水剂 750—1000 倍液或 29% 吡唑萘菌胺·嘧菌酯悬浮剂 1500 倍液喷雾。

4. 疫病：选用 64% 噁霜·锰锌可湿性粉剂 600 倍液、72% 霜脲·锰锌可湿性粉剂 600 倍液或 68.75% 氟吡唑菌胺·霜霉威悬浮剂 750—1000 倍液喷雾。

5. 炭疽病、蔓枯病：选用 80% 福·福锌可湿性粉剂 800 倍液、70% 甲基硫菌灵可湿性粉剂 800 倍液或 50% 异菌脲可湿性粉剂 1500—2000 倍液喷雾。

6. 枯萎病：选用 40% 五氯硝基苯粉剂 500 倍液、70% 甲基硫菌灵可湿性粉剂 600—700 倍液、50% 敌磺钠可湿性粉剂 600—700 倍液、50% 福美双可湿性粉剂 500 倍液 +96% 硫酸铜晶体 1000 倍

液浇根或10亿有效活菌数/克（CFU/g，全书同）多黏类芽孢杆菌可湿性粉剂500—700倍液浇根。

7. 青枯病：选用46%氢氧化铜水分散粒剂800—1000倍液、80%三乙膦酸铝可湿性粉剂500—700倍液、10亿芽孢/克枯草芽孢杆菌可湿性粉剂100—300倍液或10亿有效活菌数/克多黏类芽孢杆菌可湿性粉剂500—700倍液浇根。

8. 叶枯病：选用64%噁霜·锰锌可湿性粉剂800倍液、50%异菌脲可湿性粉剂1500倍液或50%克菌丹可湿性粉剂600—700倍液喷雾。

9. 细菌性角斑病：选用30%琥胶肥酸铜可湿性粉剂500倍液、46%氢氧化铜水分散粒剂800倍液、25%吡唑醚菌酯乳油1300倍液、2%春雷霉素水剂600—800倍液或50%氯溴异氰尿酸可湿性粉剂1000倍液喷雾。

10. 病毒病：以防治蚜虫为主。可选用0.003%丙酰芸苔素内酯水剂3000倍液、1.5%三十烷醇·硫酸铜·十二烷基硫酸钠水剂1000倍液或20%吗胍·乙酸铜可湿性粉剂或6%烷醇·硫酸铜可湿性粉剂500—700倍液喷雾。

11. 根结线虫病：选用5.7%甲氨基阿维菌素苯甲酸盐微乳剂6000—8000倍液或41.7%氟吡菌酰胺悬浮剂1000—1500倍液浇灌根部。

12. 瓜蚜：选用35%吡虫啉悬浮剂4000—5000倍液、20%啶虫脒可溶粉剂3500倍液或25%噻虫嗪水分散粒剂3000—4000倍液喷雾。

13. 茶黄螨、红蜘蛛：选用5.7%甲氨基阿维菌素苯甲酸盐微乳剂6000—8000倍液、43%联苯肼酯悬浮剂2000—3000倍液、

22.4% 螺虫乙酯悬浮剂 2500—3500 倍液或 0.3% 印楝素乳油 500—600 倍液喷雾。

14. 瓜蓟马：选用 5% 氟啶脲乳油 2500 倍液、6% 乙基多杀菌素悬浮剂 1000—1500 倍液、0.3% 苦参碱水剂 300—400 倍液或 4.5% 高效氯氰菊酯乳油 1300—2000 倍液喷雾。

15. 黄足黄守瓜：可用 90% 敌百虫晶体 1500—2000 倍液灌根防治幼虫，成虫可选用 2.5% 氯氟氰菊酯乳油 2000—3000 倍液、25% 噻虫嗪水分散粒剂 5000—6000 倍液或 20 亿 PIB/ 克甘蓝夜蛾核型多角体病毒悬浮剂 750 倍液喷雾。

三、杂草防除

1. 直播前杂草杀灭：直播地在整地做畦后一般随即播种。但若闲置数天后才播种，势必造成田间杂草大于苗，难于杀灭。为此，于播种前 2—3 天，每公顷用 18% 草铵膦水剂 3000 毫升 +96% 精异丙甲草胺乳油 1200 毫升喷药，能有效控制杂草为害。

2. 播后芽前杂草防除：整地做畦随即播种地，于播后或盖膜前子叶拱土前，每公顷选用 96% 精异丙甲草胺乳油 1200—1650 毫升、60% 丁草胺乳油 1650 毫升、50% 敌草胺可湿性粉剂 1200—1500 克、33% 二甲戊灵乳油 1200—1650 毫升，兑水 750—900 升，喷雾封闭土表。在土壤湿润条件下，药效可达最佳。

特别提示：喷药时要根据覆盖土厚度和土壤湿度掌握兑水量，严防药液渗透到种植层，造成严重药害。

3. 移栽前杂草防除：本田有整地做畦后移栽和免耕移栽等方式，田间杂草发生蔓延及危害程度也因移栽方式不同而有所差异。所以，必须根据不同移栽方式和杂草消长动态选择药剂。于移栽前2—3天施药,移栽时尽量少翻动土层。

免耕移栽地或整地后闲置数天移栽,田间已有杂草,每公顷用18%草铵膦水剂3000克+96%精异丙甲草胺乳油1275毫升(或50%敌草胺可湿性粉剂1500克),兑水750—900升喷雾,可灭除现存杂草和预防后续发生杂草。

整地做畦即时移栽地,每公顷用96%精异丙甲草胺乳油1500毫升、50%敌草胺可湿性粉剂1500克、24%乙氧氟草醚乳油750毫升,兑水750—900升喷雾。

特别提示:晴天和气温高于20℃时,方可选用乙氧氟草醚。

4.移栽后杂草防除:移栽返青后苗高15厘米以上,于一年生禾本科杂草苗期(2—3叶期),每公顷选用10.8%高效氟吡甲禾灵乳油375—400毫升、5%精喹禾灵乳油750—900毫升、15%精吡氟禾草灵乳油750—900毫升、12.5%烯禾啶乳油1350—1500毫升、6.9%精噁唑禾草灵乳油750—900毫升或33%二甲戊灵乳油1500—1950毫升,兑水750—900升,定向喷雾防除杂草。

特别提示:定向喷雾应选用有保护罩喷头,高温季节应在傍晚浇水后喷药,严防喷到瓜幼芽上。

第二章　茄果类蔬菜病虫草害防治

第一节　甜椒、辣椒

　　甜椒和辣椒主要病害有猝倒病、立枯病、根腐病、枯萎病、病毒病、细菌性叶斑病、软腐病、疫病、炭疽病、白粉病、疮痂病、脐腐病、灰霉病、菌核病、青枯病等，主要虫害有白粉虱、棉铃虫、蚜虫、斜纹夜蛾、甜菜夜蛾、烟夜蛾、美洲斑潜蝇、蓟马、茶黄螨、红蜘蛛和地下害虫等危害。

一、播种前预防措施

　　1. 种子消毒：用55℃的热水浸种15分钟；或用10%磷酸三钠加入50℃的温水（用量1∶10）中，浸种20分钟；或高锰酸钾1200倍的50℃水溶液，浸种20分钟。

　　2. 育苗场所消毒：前茬需选种植非茄科蔬菜地，整畦压平后选用50%福美双可湿性粉剂8—10克/米^{2}浇洒后盖膜（用育苗架的无需盖膜）待用。凡大棚育苗场所，应同时进行空间消毒，用硫磺4克＋锯末10克/米^{3}混匀，分置3—5个容器内燃烧，于晚上7时左右进行，且密闭24小时以上。

　　3. 穴盘基质消毒：混配好的基质按基质0.2%的量加50%多菌灵可湿性粉剂或70%甲基硫菌灵可湿性粉剂拌匀。

二、苗期病虫害防治措施

　　1. 猝倒病：选用72.2%霜霉威盐酸盐水剂500—600倍液、

68% 精甲霜灵·锰锌水分散粒剂 800 倍液、75% 百菌清可湿性粉剂 600 倍液、10 亿芽孢 / 克枯草芽孢杆菌可湿性粉剂 100—300 倍液浇灌。

2. 立枯病：选用 30% 噁霉灵水剂 1000—1300 倍液、5% 井冈霉素水剂 1500 倍液或 10 亿芽孢 / 克枯草芽孢杆菌可湿性粉剂 100—300 倍液浇灌。

3. 根腐病：发病初，选用 30% 噁霉灵水剂 1000—1300 倍液、10 亿芽孢 / 克枯草芽孢杆菌可湿性粉剂 100—300 倍液或 50% 克菌丹可湿性粉剂 600—700 倍液浇灌。

4. 蚜虫：是病毒病主要的传播者，应注意防治。可选用 35% 吡虫啉悬浮剂 4500—6000 倍液或 22% 氟啶虫胺腈悬浮剂 3000 倍液喷雾。

5. 送嫁肥和送嫁药：移栽前 2—3 天，喷施 0.1%—0.2% 磷酸二氢钾 +70% 甲基硫菌灵可湿性粉剂 1000 倍液 +72.2% 霜霉威盐酸盐水剂 700 倍液，或喷洒 0.1%—0.2% 磷酸二氢钾 +50% 福美双可湿性粉剂 700 倍液。

三、定植前预防措施

1. 种植地土壤消毒：①前茬采收后，翻耕，每公顷用碳酸氢铵 1125 公斤均匀撒施，薄膜覆盖，闷杀 3—5 天（晴）或 7 天（阴雨），揭膜后整畦；②太阳能高温闭膜消毒；③ 3% 辛硫磷颗粒剂 60—75 公斤 / 公顷（犁完地整地前撒施）；④在定植后用 30% 噁霉灵水剂 1000—1300 倍液或高锰酸钾 800—1000 倍液（要随配随用），灌定植穴，每穴用药液 250 毫升。

2. 化学除草：于整地做畦后，定植前每公顷用 96% 精异丙甲草胺乳油 1275 毫升，兑水 900 升，喷雾封闭土表。

四、定植—开花结果期病虫防治措施

1. 化学除草：定植前没有实施化学除草的，定植后，于一年生禾本科杂草 3—4 叶期，每公顷用 12.5% 烯禾啶乳油 1200—1500 毫升或 15% 精吡氟禾草灵乳油 600—700 毫升，兑水 900 升，茎叶针对性喷雾。

2. 疫病：①移栽成活后，用 64% 噁霜·锰锌可湿性粉剂 500 倍液浇灌，或用硫酸铜 30—45 公斤 / 公顷兑水浇灌；②生长期可选用 52.5% 噁酮·霜脲氰水分散粒剂 2000—3000 倍液、72% 霜脲氰·锰锌可湿性粉剂 600 倍液、80% 三乙膦酸铝可湿性粉剂 500 倍液、30% 琥胶肥酸铜可湿性粉剂 400—500 倍液或 20% 氟吗啉可湿性粉剂 500—750 倍液浇灌。

3. 根腐病：防治方法同上苗期。

4. 枯萎病：选用高锰酸钾 800—1000 倍液、10 亿芽孢 / 克枯草芽孢杆菌可湿性粉剂 100—300 倍液、30% 噁霉灵水剂 1000—1300 倍液或 50% 醚菌酯水分散粒剂 3000—4000 倍液（此药有提高挂果和改善着色的特殊功效）喷雾。

5. 软腐病：选用 2% 春雷霉素水剂 600—800 倍液、30% 琥胶肥酸铜可湿性粉剂 500 倍液、46% 氢氧化铜水分散粒剂 800—1000 倍液、77% 硫酸铜钙可湿性粉剂 800—1000 倍液或 3% 中生菌素可湿性粉剂 500 倍液喷雾。

6. 炭疽病：严格控制杂草为害是防治的关键环节。选用 70% 甲基硫菌灵可湿性粉剂 700 倍液、45% 咪鲜胺乳油 2000—3000 倍液（+50% 克菌丹可湿性粉剂 700 倍液对急性炭疽病有特效）、50%

克菌丹可湿性粉剂 500—600 倍液、25% 嘧菌酯悬浮剂 1000—1500 倍液或 30% 王铜悬浮剂 600—800 倍液（雨天、露水未干、苗期禁用）喷雾。

7. 灰霉病：选用 50% 异菌脲可湿性粉剂 1000—1500 倍液、50% 腐霉利可湿性粉剂 1000—1500 倍液或 65% 甲硫·乙霉威可湿性粉剂 800—1000 倍液喷雾。

8. 白粉病：选用 0.5% 大黄素甲醚水剂 750—1000 倍液、80% 硫磺水分散粒剂 400—600 倍液、50% 醚菌酯水分散粒剂 3000—4000 倍液、25% 吡唑醚菌酯乳油 2500—3000 倍液、40% 腈菌唑可湿性粉剂 4000—6000 倍液、99% 绿颖喷淋油剂 200 倍液或 8% 宁南霉素水剂 1000—1500 倍液喷雾。

9. 脐腐病：于幼果期开始根外追肥，每 15 天用 1 次，连续 2 次。可选用 0.3% 氯化钙或钙宝 750 倍液、1% 过磷酸钙或志信高钙 1000—1500 倍液进行根外追肥。

10. 菌核病：选用 50% 腐霉利可湿性粉剂 800 倍液、70% 甲基硫菌灵可湿性粉剂 800 倍液或 50% 异菌脲可湿性粉剂 1000—1200 倍液喷雾。

11. 细菌性叶斑病：选用 46% 氢氧化铜水分散粒剂 800—1000 倍液或 77% 硫酸铜钙可湿性粉剂 600 倍液喷雾。

12. 青枯病：选用 30% 噻唑锌悬浮剂 500 倍液、47% 春雷·王铜可湿性粉剂 600—800 倍液、80% 波尔多液可湿性粉剂 800 倍液（显蕾期灌根）、1：5.5 铜铵合剂 50 倍液（闷 72 小时后兑水施用）、3% 中生菌素可湿性粉剂 600—800 倍液或 10 亿芽孢／克枯草芽孢杆菌可湿性粉剂 100—300 倍液浇根。

13. 疮痂病：选用 30% 琥胶肥酸铜可湿性粉剂 400—500 倍

液、46% 氢氧化铜水分散粒剂 1000—1500 倍液或 15% 络氨铜水剂 300 倍液喷雾。

14. 病毒病：治蚜虫防病的同时，选用 0.01% 芸苔素内酯水剂 3000—4000 倍液、20% 吗胍·乙酸铜可湿性粉剂 500—750 倍液、0.003% 丙酰芸苔素内酯水剂 3000 倍液或 2% 氨基寡糖素水剂 600—800 倍液喷雾。

15. 白粉虱：在黄板诱杀的同时，选用 25% 噻虫嗪水分散粒剂 2500—3000 倍液、20% 啶虫脒可溶粉剂 3500—4000 倍液 (限幼果期) 或 80% 敌敌畏乳油 600—800 倍液（采收前 10 天禁用）喷雾。

16. 棉铃虫：选用 2.5% 联苯菊酯乳油 800—1000 倍液、2.5% 氯氟氰菊酯乳油 1500—2000 倍液、24% 甲氧虫酰肼悬浮剂 2000—3000 倍液、5% 氟啶脲乳油 800—1000 倍液、5.7% 氟氯氰菊酯乳油 3000 倍液或 100 亿孢子 / 毫升短稳杆菌悬浮剂 750 倍液喷雾。

17. 蚜虫：在使用黄板诱杀的同时，选用 25% 噻虫嗪水分散粒剂 5000—6000 倍液、35% 吡虫啉悬浮剂 5000—6000 倍液或 20% 啶虫脒可溶粉剂 4000—5000 倍液喷雾。

18. 斜纹夜蛾：使用性诱剂和黑光灯诱杀成虫，选用 5.7% 甲氨基阿维菌素苯甲酸盐微乳剂 6000—8000 倍液、0.3% 苦参碱水剂 300—400 倍液、5% 氟啶脲乳油 800—1000 倍液、5% 虱螨脲乳油 1000—1500 倍液或 100 亿孢子 / 毫升短稳杆菌悬浮剂 750 倍液喷雾防治幼虫。

19. 烟夜蛾：于烟夜蛾卵高峰期，用 1.6 万国际单位 / 毫克苏云金杆菌可湿性粉剂 500—600 倍液防治 2 次，或用 2.5% 氯氟氰菊酯乳油 1000—1500 倍液喷雾。

20. 美洲斑潜蝇：选用 5.7% 甲氨基阿维菌素苯甲酸盐微乳剂 6000—8000 倍液或 75% 灭蝇胺可湿性粉剂 4500—6000 倍液喷雾。

21. 棉红蜘蛛、茶黄螨：选用 43% 联苯肼酯悬浮剂 2000—3000 倍液、5.7% 甲氨基阿维菌素苯甲酸盐微乳剂 6000—8000 倍液或 0.3% 印楝素乳油 500—600 倍液喷雾。

22. 蓟马：在使用蓝板诱杀的同时，选用 4.5% 高效氯氰菊酯乳油 1300—2000 倍液、0.3% 苦参碱水剂 300—400 倍液、6% 乙基多杀菌素悬浮剂 1000—1500 倍液或 10% 溴氰虫酰胺可分散油悬浮剂 3000 倍液喷雾。

23. 烟粉虱：在使用黄板诱杀的同时，选用 22.4% 螺虫乙酯悬浮剂 2000—2500 倍液、5.7% 氟氯氰菊酯乳油 2500 倍液、5.7% 甲氨基阿维菌素苯甲酸盐微乳剂 6000—8000 倍液或 99% 绿颖喷淋油剂 200 倍液喷雾。

24. 地下害虫：用黑光灯诱杀成虫的同时，选用 0.3% 苦参碱水剂 300—400 倍液、5.7% 甲氨基阿维菌素苯甲酸盐微乳剂 6000—8000 倍液浇灌防治幼虫。

特别提示：结果期用药，因甜辣椒蜡质层较厚而光滑，会影响药剂附着。施药时应注意先在水中加入展着剂，后加农药，同时选用雾化细的喷头，方可确保药效。

五、采收前预防措施

因病害的发生有一定潜伏期，其潜伏期长短与病原特性、田间小气候关系重大，病害一旦发生，往往措手不及。特别是临近收获期，选择安全间隔期适宜的农药品种使用，难度较大。为此，收获前，应根据气候条件和预计可能发生的病虫害种类，选择相对应的安全农药品种，联合预防病虫害发生。

因采收期较长，第一次采收后，应根据气候条件、测报灯下害虫种类和田间监测，预计可能继续造成危害病虫害种类，制定采收后立即施用安全药剂配方是关键。

1. 白粉病：用25%吡唑醚菌酯乳油1500倍液喷雾。

2. 白粉虱：用25%噻虫嗪水分散粒剂2500—3000倍液喷雾。

3. 白粉虱、烟粉虱：用99%绿颖喷淋油剂200倍液喷雾。

4. 烟夜蛾、棉铃虫：选用5%氯虫苯甲酰胺悬浮剂1500倍液、1.6万国际单位/毫克苏云金杆菌可湿性粉剂1500倍液、0.3%苦参碱水剂300倍液或100亿孢子/毫升短稳杆菌悬浮剂750倍液喷雾。

5. 茶黄螨、红蜘蛛：选用5.7%甲氨基阿维菌素苯甲酸盐微乳剂6000—8000倍液或0.3%印楝素乳油500—600倍液喷雾。

第二节　番茄

番茄主要病害有猝倒病、立枯病、茎基腐病、白粉病、枯萎病、青枯病、早疫病、晚疫病、病毒病、炭疽病、叶霉病、灰霉病、脐腐病、日灼病、疮痂病、细菌性软腐病等，主要虫害有蚜虫、白粉虱、棉铃虫、斜纹夜蛾、红蜘蛛、地下害虫等危害。

一、播种前预防措施

1. 种子消毒：用55℃的热水浸种15分钟或用0.1%高锰酸钾浸种15分钟。

2. 育苗场所消毒：前茬需选种植非茄科蔬菜地，整畦压平后选用50%福美双可湿性粉剂8—10克/米²浇洒后盖膜（用育苗架的无需盖膜）待用。凡大棚育苗场所，应同时进行空间消毒，用硫磺 4 克 + 锯末 10 克 / 米³ 混匀，分置 3—5 个容器内燃烧，于晚上 7 时左右进行，且密闭 24 小时以上。

3. 基质消毒：混配好的基质，可按基质 0.2% 的量加入 50% 多菌灵可湿性粉剂或 70% 甲基硫菌灵可湿性粉剂拌匀。

二、苗期病虫害防治措施

1. 猝倒病：选用 72.2% 霜霉威盐酸盐水剂 500—600 倍液、68% 精甲霜灵·锰锌水分散粒剂 800 倍液、75% 百菌清可湿性粉剂 600 倍液或 10 亿芽孢 / 克枯草芽孢杆菌可湿性粉剂 100—300 倍液浇灌。

2. 立枯病：选用 30% 噁霉灵水剂 1000—1300 倍液或 10 亿芽孢 / 克枯草芽孢杆菌可湿性粉剂 100—300 倍液灌根。

3. 茎基腐病：在发病初期，在基部撒施 50% 福美双可湿性粉剂 2 克 / 株（拌适量的土），并选用 30% 噁霉灵水剂 1000—1300 倍液或 75% 百菌清可湿性粉剂 600 倍液，喷淋番茄基部药效最佳。

4. 送嫁药：选用 72.2% 霜霉威盐酸盐水剂 1000 倍液 +40% 辛硫磷乳油 1000 倍液或磷酸二氢钾 700 倍液 +70% 甲基硫菌灵可湿性粉剂 1000 倍液（或 50% 福美双可湿性粉剂 700 倍液）喷雾。

5. 化学除草：于整地做畦后移栽前，每公顷用 96% 精异丙甲草胺乳油 1200—1350 毫升或移栽前 3 天用 50% 敌草胺可湿性粉剂 1500—1750 克，兑水 750 升，封闭土表。

三、定植作业流程

1. 实行轮作：不与茄科蔬菜连作，轮作需 3 年以上，高畦深沟栽培。

2. 定植地消毒：前茬采收后，翻耕，每公顷用碳酸氢铵 1125 公斤，均匀撒施，薄膜覆盖，闷杀 5 天（晴）或 7 天（阴雨）；太阳能高温闭膜消毒。

3. 杀灭地下害虫：有地下害虫的地块，于犁地后整地时每公顷施用 3% 辛硫磷颗粒剂 60—75 公斤。

4. 定植穴灌药：定植后，用 30% 噁霉灵水剂 1000—1300 倍液或高锰酸钾 800—1000 倍液（要随用随配），灌定植穴，每穴用药液 250 毫升。

四、开花坐果—结果期病虫防治措施

1. 早疫病：选用 75% 百菌清可湿性粉剂 600—800 倍液、68.75% 氟菌·霜霉威可湿性粉剂 600 倍液、52.5% 霜脲氰 + 噁唑菌酮水分散粒剂 2000—3000 倍液、3% 多抗霉素水剂 500—800 倍液或 64% 噁霜·锰锌可湿性粉剂 500 倍液喷雾。

2. 晚疫病：选用 72.2% 霜霉威盐酸盐水剂 500—600 倍液、52.5% 霜脲氰 + 噁唑菌酮水分散粒剂 2000—3000 倍液、25% 嘧菌酯悬浮剂 600—800 倍液、3% 多抗霉素水剂 500—800 倍液、69% 烯酰吗啉·锰锌可湿性粉剂 600 倍液或 30% 噻唑锌悬浮剂 500—800 倍液喷雾。

3. 叶霉病：选用 70% 丙森锌可湿性粉剂 500—700 倍液、70% 甲基硫菌灵可湿性粉剂 800—1000 倍液、3% 多抗霉素水剂 500—800 倍液或 50% 克菌丹可湿性粉剂 600 倍液喷雾。

4. 灰霉病：选用 40% 嘧霉胺悬浮剂 600—800 倍液、50% 异菌脲可湿性粉剂 1000—1500 倍液、50% 腐霉利可湿性粉剂 1000—1500 倍液（大棚用 10% 腐霉利烟雾剂 3—3.75 公斤 / 公顷熏）、3%

多抗霉素水剂 500—800 倍液或 65% 甲基硫菌灵·乙霉威可湿性粉剂 800—1000 倍液喷雾。

5. 病毒病：选用 0.01% 芸苔素内酯水剂 3000—4000 倍液、2% 氨基寡糖素水剂 500—800 倍液、0.003% 丙酰芸苔素内酯水剂 3000 倍液或 8% 宁南霉素水剂 1000—1500 倍液喷雾。

6. 枯萎病：选用高锰酸钾 800—1000 倍液浇施、30% 噁霉灵水剂 1000—1300 倍液、3% 多抗霉素水剂 500—800 倍液或 100 亿孢子 / 毫升短稳杆菌可湿性粉剂 750 倍液浇灌。

7. 白粉病：选用 40% 腈菌唑可湿性粉剂 6000—8000 倍液、80% 硫磺水分散粒剂 400—600 倍液、50% 醚菌酯水分散粒剂 3500 倍液或 25% 嘧菌酯悬浮剂 600—800 倍液喷雾。

8. 炭疽病：选用 50% 咪鲜胺锰盐可湿性粉剂 800—1000 倍液、75% 百菌清可湿性粉剂 1000 倍液或 70% 甲基硫菌灵可湿性粉剂 800 倍液喷雾。

9. 青枯病：根据番茄品种，选用适宜的茄子幼苗做砧木进行嫁接是目前广为应用的最有效的治本技术，药剂预防可株浇施 250 毫升下列药剂中的一种。10 亿芽孢 / 克枯草芽孢杆菌可湿性粉剂 100—300 倍液、15% 络氨铜水剂 300 倍液、47% 春雷·王铜可湿性粉剂 600—800 倍液或 3% 中生菌素可湿性粉剂 600—800 倍液。

10. 脐腐病：第一穗开花后，选用 0.1% 氯化钙、钙宝 750—1000 倍液或志信高钙 1000—1500 倍液，喷 2—3 次，并保持土壤湿润。

11. 疮痂病、细菌性软腐病：选用 30% 琥胶肥酸铜可湿性粉剂 400—500 倍液或 15% 络氨铜水剂 300 倍液喷雾。

12. 日灼病：夏秋强光照下易发生此病，可用遮阳网短期覆盖。

13. 蚜虫：在使用黄板诱杀的同时，选用 25% 噻虫嗪水分散粒剂 5000—6000 倍液或 35% 吡虫啉悬浮剂 5000—6000 倍液喷雾。

14. 棉铃虫：在坐果前期开始用性信息素诱杀的同时，选用 2.5% 氯氟氰菊酯乳油 1500—2000 倍液、24% 甲氧虫酰肼悬浮剂 2000—3000 倍液、5% 虱螨脲乳油 1000—1500 倍液或 5.7% 甲氨基阿维菌素苯甲酸盐微乳剂 6000—8000 倍液喷雾，也可用 1.6 万国际单位 / 毫克苏云金杆菌可湿性粉剂 500 倍液 + 24% 甲氧虫酰肼悬浮剂 2000—3000 倍液或 5% 虱螨脲乳油 1000—1500 倍液喷雾，还可用 25% 除虫脲悬浮剂 1500 倍液灌心或 1250—2500 倍液喷雾（早晚用）。

15. 白粉虱：在使用黄板诱杀的同时，选用 35% 吡虫啉悬浮剂 5000—6000 倍液、25% 噻虫嗪水分散粒剂 5000—6000 倍液或 22.4% 螺虫乙酯悬浮剂 2000—2500 倍液喷雾。

16. 斜纹夜蛾：用灯光诱杀成虫的同时，选用 15% 茚虫威悬浮剂 2000—3000 倍液、5.7% 甲氨基阿维菌素苯甲酸盐微乳剂 5000—6000 倍液、10% 虫螨腈悬浮剂 1000—1500 倍液、25% 除虫脲悬浮剂 1500 倍液（早晚）、5% 虱螨脲乳油 1000—1500 倍液、200 亿 PIB/ 克斜纹夜蛾核型多角体病毒水分散粒剂 5000—6000 倍液或 100 亿孢子 / 毫升短稳杆菌可湿性粉剂 750 倍液喷雾。

17. 红蜘蛛：选用 5.7% 甲氨基阿维菌素苯甲酸盐微乳剂 6000—8000 倍液、0.3% 印楝素乳油 300—500 倍液或 43% 联苯肼酯悬浮剂 2000—3000 倍液喷雾。

特别提示：因番茄蜡质层较厚而光滑，影响药剂附着，影响药效。为此，施药时务必注意加入展着剂，同时选用雾化细的喷头，方可确保药效。

五、采收期安全防治措施

1. 白粉虱：可用 99% 绿颖喷淋油 200 倍液喷雾。

2. 棉铃虫、蚜虫：可用 6% 乙基多杀菌素悬浮剂 1000 倍液。

3. 晚疫病：可用 72% 霜脲·锰锌可湿性粉剂 600—1000 倍液喷雾。

4. 疫病：可用 25% 嘧菌酯悬浮剂 1000—1500 倍液喷雾。

5. 红蜘蛛：可用 0.3% 印楝素乳油 300 倍液喷雾。

第三节　茄子

茄子主要病害有猝倒病、立枯病、茎基腐病、枯萎病、青枯病、白粉病、绵疫病、褐轮纹病、褐纹病、灰霉病、炭疽病、果实疫病、白绢病、根结线虫病等，主要虫害有斑潜蝇、茶黄螨、白粉虱、茄二十八星瓢虫、马铃薯瓢虫、棉铃虫、茄黄斑螟、小地老虎、蝼蛄等危害。

一、播种前预防措施

1. 种子消毒：用 55℃ 的热水浸种 15 分钟。

2. 育苗场所消毒：前茬需选种植非茄果类蔬菜地，整畦压平后选用 50% 福美双可湿性粉剂 8—10 克 / 米² 浇洒后盖膜（用育苗架的无需盖膜）待用；或用 68% 精甲霜灵·锰锌水分散粒剂 6 克 / 米² 拌细土适量，尔后将其中的 1/3 撒苗床土表，2/3 盖种即可。凡是大棚育苗的场所，都应同时进行空间消毒，用硫磺 4 克 + 锯末 10 克 / 米³ 混匀，分置 3—5 个容器内燃烧，于晚上 7 时左右进行，且密闭 24 小时以上。

3. 育苗基质消毒：每立方米营养土用 30% 噁霉灵水剂 3—4.5 克，兑适量水，喷洒拌匀待用；播种后用 50% 多菌灵可湿性粉剂 800 倍液 +72.2% 霜霉威盐酸盐水剂 700 倍液浇灌基质。

二、苗期病虫害防治措施

1. 猝倒病：选用 72.2% 霜霉威盐酸盐水剂 500—600 倍液、68% 精甲霜灵·锰锌水分散粒剂 800 倍液、75% 百菌清可湿性粉剂 600 倍液或 10 亿芽孢 / 克枯草芽孢杆菌可湿性粉剂 100—300 倍液浇灌。

2. 立枯病：选用 30% 噁霉灵水剂 1000—1300 倍液、5% 井冈霉素水剂 1500 倍液或 10 亿芽孢 / 克枯草芽孢杆菌可湿性粉剂 100—300 倍液浇灌。

3. 褐轮纹病：选用 70% 甲基硫菌灵可湿性粉剂 1000 倍液、75% 百菌清可湿性粉剂 600 倍液或 15% 络氨铜水剂 300 倍液喷雾。

4. 小地老虎：防治幼虫，可选用 0.3% 苦参碱水剂 300 倍液、40% 辛硫磷乳油或 50% 二嗪磷乳油 1200 倍液或 5.7% 氟氯氰菊酯乳油 700—1000 倍液灌根，成虫用频振式杀虫灯诱杀。

5. 蝼蛄：可用频振式杀虫灯诱杀；同时采用毒饵诱杀，即用经炒香的麦麸或豆饼或玉米碎粒 5 公斤 +90% 敌百虫晶体 150 克（加适量水），拌潮为度，每公顷用 37.5 公斤，于傍晚时撒施地表。

6. 送嫁药：用 70% 甲基硫菌灵可湿性粉剂 1000 倍液 +46% 氢氧化铜水分散粒剂 1000 倍液 +50% 二嗪磷乳油 1200 倍液喷雾。

三、生长显蕾—开花结果期病虫防治措施

1. 杂草防除：移栽田整地做畦后移栽前，每公顷用 33% 二甲戊灵乳油 1500 毫升，兑水 900 升，喷雾封闭土表。

2. 茎基腐病：发病初期，于基部撒施 50% 福美双可湿性粉剂 2 克 / 株药土，并用 30% 噁霉灵水剂 1000 倍液或 75% 百菌清可湿性粉剂 600 倍液喷淋茎基部。

3. 枯萎病：选用高锰酸钾 1000 倍液、30% 噁霉灵水剂 1300 倍液、3% 多抗霉素水剂 700 倍液或 30% 噻唑锌悬浮剂 600 倍液浇灌。

4. 青枯病：选用 46% 氢氧化铜水分散粒剂 500 倍液、3% 中生菌素可湿性粉剂 600—800 倍液、10 亿芽孢 / 克枯草芽孢杆菌可湿性粉剂 100—300 倍液或 15% 络氨铜水剂 500 倍液浇灌。

5. 绵疫病、果实疫病：用 46% 氢氧化铜水分散粒剂 1000 倍液 +72.2% 霜霉威盐酸盐水剂 700 倍液（或 68% 精甲霜灵·锰锌水分散粒剂 800 倍液）喷雾防治效果最佳，也可选用 72.2% 霜霉威盐酸盐水剂 700 倍液、68% 精甲霜灵·锰锌水分散粒剂 800 倍液、64% 噁霜·锰锌可湿性粉剂 600 倍液或 68.75% 氟吡菌胺·霜霉威悬浮剂 700—1000 倍液喷雾。

6. 褐轮纹病：选用 70% 甲基硫菌灵可湿性粉剂 1000 倍液、75% 百菌清可湿性粉剂 600 倍液或 15% 络氨铜水剂 300 倍液喷雾。

7. 灰霉病、炭疽病：选用 50% 腐霉利可湿性粉剂、50% 异菌脲可湿性粉剂 1500 倍液、40% 嘧霉胺悬浮剂 800—1000 倍液或 3% 多抗霉素水剂 500—800 倍液喷雾。

8. 白粉病：选用 12.5% 腈菌唑乳油 1200 倍液、80% 硫磺水分

散粒剂 500 倍液或 3% 多抗霉素水剂 800 倍液 +12.5% 腈菌唑乳油 1200 倍液喷雾。

9. 白绢病：于发病初期用 20% 石灰水浇灌，或选用 70% 甲基硫菌灵可湿性粉剂 800 倍液、3% 井冈霉素水剂 300 倍液浇灌。

10. 根结线虫病：选用 5.7% 甲氨基阿维菌素苯甲酸盐微乳剂 6000—8000 倍液或 41.7% 氟吡菌酰胺悬浮剂 1000—1500 倍液浇灌。

11. 茄二十八瓢虫、马铃薯瓢虫：选用 90% 敌百虫晶体 1000 倍液或 2.5% 溴氰菊酯乳油 3000 倍液喷雾。

12. 茶黄螨：选用 2.5% 氯氟氰菊酯乳油 1500—2000 倍液、10% 溴氰虫酰胺可分散油悬浮剂 3000 倍液或 1.5% 除虫菊素水乳剂 500 倍液喷雾。

13. 斑潜蝇：选用 75% 灭蝇胺可湿性粉剂 4500—6000 倍液或 0.3% 印楝素乳油 500—600 倍液喷雾。

14. 棉铃虫：可用性信息素诱杀成虫，幼虫可选用 2.5% 氯氟氰菊酯乳油 1500—2000 倍液、5% 氟啶脲乳油 800—1000 倍液、24% 甲氧虫酰肼悬浮剂 2000—3000 倍液、5.7% 氟氯氰菊酯乳油 2500 倍液或 600 亿 PIB/ 克棉铃虫核型多角体病毒水分散粒剂 5000 倍液喷雾。

15. 白粉虱：在使用黄板诱杀成虫的同时，选用 20% 啶虫脒可溶粉剂 3500—4000 倍液、22.4% 螺虫乙酯悬浮剂 2000—2500 倍液或 25% 噻虫嗪水分散粒剂 4500—5000 倍液喷雾。

16. 茄黄斑螟：选用 5% 氟啶脲乳油 1000—1500 倍液、100 亿孢子 / 毫升短稳杆菌可湿性粉剂 750 倍液或 6% 乙基多杀菌素悬浮剂 1000 倍液喷雾。

17. 茄无网蚜：选用 35% 吡虫啉悬浮剂 5000—6000 倍液、22% 氟啶虫胺腈悬浮剂 □000 倍液或 1.5% 除虫菊素水乳剂 500 倍液喷雾。

四、采收前和采收期防治措施

因病害的发生有一定潜伏期，其潜伏期长短除了受病原特性影响外，还与田间小气候关系重大。病害一旦发生，往往措手不及；特别是临近收获期，选择安全间隔期适宜的农药品种来使用难度较大。为此，收获前，应根据气候条件和预计可能发生的病害种类，选择上述相应应的农药品种联合预防病害发生，以治本为目的。虫害可选用上述相对应农药品种和安全间隔期，以治标为目的。

采收期主要抓以下病虫害防治。

1. 绵疫病、果实腐病：选用 10% 氰霜唑悬浮剂 2000—2500 倍液或 46% 氢氧化铜水分散粒剂 1000 倍液喷雾。

2. 灰霉病：选用 40% 嘧霉胺悬浮剂 800—1000 倍液或 3% 多抗霉素水剂 500—800 倍液喷雾。

3. 白粉病：可用 3% 多抗霉素水剂 600—900 倍液喷雾。

4. 茶黄螨：可用 1.5% 除虫菊素水乳剂 500 倍液喷雾。

5. 白粉虱：可用 20% 呋虫胺水分散粒剂 1500—2500 倍液喷雾。

6. 棉铃虫、茄黄斑螟：可用 6% 乙基多杀菌素悬浮剂 1000 倍液喷雾。

第三章　白菜类蔬菜病虫草害防治

这里的白菜类蔬菜是指十字花科芸薹属的大白菜、小白菜、上海青、菜心、青花菜、花椰菜、结球甘蓝、芥菜、包心芥菜等。

第一节　大白菜

大白菜主要病害有猝倒病、立枯病、霜霉病、白斑病、黑斑病、炭疽病、菌核病、病毒病、软腐病、根肿病、线虫病和干烧心等，主要虫害有小菜蛾、菜青虫、夜蛾类、棉铃虫、蚜虫、黄曲条跳甲、蜗牛、蛞蝓和地下害虫等危害。

一、播种前预防措施

1. 种子消毒：进口有种衣种子无需处理；无种衣种子可用55℃的热水浸种 15 小时，或用 1% 高锰酸钾或福尔马林 1000 倍液浸种 15—20 分钟，还可用 50% 福美双可湿性粉剂或 35% 甲霜灵种子处理干粉剂拌种，用量为种子的 0.3%—0.4%。

2. 育苗场所消毒：前茬需选种植非十字科蔬菜地，整畦压平后选用 50% 福美双可湿性粉剂 8—10 克 / 米² 浇洒后盖膜（用育苗架的无需盖膜）待用。凡大棚育苗场所，应同时进行空间消毒，用硫磺 4 克 + 锯末 10 克 / 米³ 混匀，分置 3—5 个容器内燃烧，于晚上 7 时左右进行，且密闭 24 小时以上。

3. 基质消毒：基质中拌入基质量 0.2% 的 50% 多菌灵可湿性粉剂拌匀。

二、苗期病虫害防治措施

1. 猝倒病：选用 72.2% 霜霉威盐酸盐水剂 500—600 倍液、68% 精甲霜灵·锰锌水分散粒剂 800 倍液、75% 百菌清可湿性粉剂 600 倍液或 10 亿芽孢 / 克枯草芽孢杆菌可湿性粉剂 100—300 倍液浇灌。

2. 立枯病：选用 30% 噁霉灵水剂 1000—1300 倍液、5% 井冈霉素水剂 1500 倍液或 10 亿芽孢 / 克枯草芽孢杆菌可湿性粉剂 100—300 倍液浇灌。

3. 霜霉病：选用 10% 氰霜唑悬浮剂 2000—2500 倍液、50% 烯酰吗啉可湿性粉剂 1000—1200 倍液，③ 70% 丙森锌可湿性粉剂 500—700 倍液或 80% 三乙膦酸铝可湿性粉剂 800 倍液喷雾。

4. 病毒病：选用 2% 氨基寡糖素水剂 500—800 倍液、0.01% 芸苔素内酯水剂 3000—4000 倍液、0.003% 丙酰芸苔素内酯水剂 3000 倍液或 6% 烷醇·硫酸铜可湿性粉剂或 20% 吗胍·乙酸铜可湿性粉剂 500—700 倍液喷雾。

5. 根肿病：分别于 2 叶期、移栽后 3 天和 13 天，连续 3 次用药液浇灌。药剂可选用 50% 氟啶胺悬浮剂 2500 倍液、70% 甲基硫菌灵可湿性粉剂 500 倍液 + 过磷酸钙浸出液 800 倍液、10% 氰霜唑悬浮剂 2000—2500 倍液或 68% 精甲霜灵·锰锌水分散粒剂 500 倍液。

6. 小菜蛾：于移栽返青即实施性诱剂和用 15 瓦节能灯诱杀成虫的同时，对幼龄幼虫可选用 1.6 万国际单位 / 毫克苏云金杆菌可湿性粉剂 800 倍液（气温低于 25℃不宜用）、6% 乙基多杀菌素悬浮剂 1500—2000 倍液、50% 丁醚脲可湿性粉剂 1000—1500 倍液、5% 氯虫苯甲酰胺悬浮剂 1500 倍液或 100 亿孢子 / 毫升短稳杆菌悬浮剂 750 倍液喷雾。

7. 菜青虫：选用 1.6 万国际单位 / 毫克苏云金杆菌可湿性粉剂 800—1500 倍液、24% 甲氧虫酰肼悬浮剂 2500—3000 倍液、6% 乙基多杀菌素悬浮剂 1500—2000 倍液、6% 阿维·氯虫苯甲酰胺悬浮剂 5000 倍液或 100 亿孢子 / 毫升短稳杆菌悬浮剂 750 倍液喷雾。

8. 黄曲条跳甲：选用 2.5% 鱼藤酮乳油 500 倍液、4.5% 高效氯氰菊酯乳油 800—1000 倍液、25% 噻虫嗪水分散粒剂 5000—6000 倍液或 1% 联苯·噻虫胺颗粒剂 45—60 公斤 / 公顷喷雾。

特别提示：防治该虫应从田周边开始，采用浇灌与喷雾并举方法才能有效控制。

9. 白粉虱、蚜虫：在使用黄板诱杀，成虫的同时，选用 25% 噻虫嗪水分散粒剂 5000—6000 倍液、20% 啶虫脒可溶粉剂 3000—3500 倍液（前期）、22% 氟啶虫胺腈悬浮剂 1500—2000 倍液或 22.4% 螺虫乙酯悬浮剂 2000—2500 倍液喷雾。

10. 夜蛾类：在使用性诱剂和黑光灯诱杀成虫的同时，选用 10% 虫螨腈悬浮剂 1000—1500 倍液、0.3% 苦参碱水剂 300—400 倍液、5% 虱螨脲乳油 1000—1500 倍液、15% 茚虫威悬浮剂 3500—4500 倍液、5% 氯虫苯甲酰胺悬浮剂 1500 倍液或 100 亿孢子 / 毫升短稳杆菌悬浮剂 750 倍液喷雾。

11. 蛞蝓、蜗牛：每公顷均匀撒施或拌土撒施 6% 四聚乙醛颗粒剂 22.5 公斤或茶籽饼粉 450 公斤，选用 96% 硫酸铜晶体 800—1000 倍液（幼苗期禁用）或 30% 茶皂素水剂 300—400 倍液喷雾。

12. 地下害虫：选用 0.3% 苦参碱水剂 300—400 倍液、40% 辛硫磷乳油 800—1000 倍液或 50% 二嗪磷乳油 1000—1200 倍液浇灌防治幼虫，同时灯光诱杀成虫。

13. 送嫁药：在拔苗前 2—3 天，用 10% 氰霜唑悬浮剂 2500 倍液 +68% 精甲霜灵·锰锌水分散粒剂 800 倍液，同时应根据害虫消长动态，选用前述相关药剂联合预防措施。

三、定植前后的预防措施

1. 土壤消毒：在实行轮作的前提下，可根据种植季节采用不同方法的土壤消毒。高山春季栽培地可于秋冬季蔬菜采收后翻耕，利用霜雪冻土；平原地区春季栽培前，用 750—1125 公斤 / 公顷碳酸氢铵均匀撒施后薄膜覆盖，密闭消毒 3—5 天（晴）或 7 天（阴雨），揭膜后整高畦、深沟地膜栽培。秋季可利用夏季高温强日照有利时间，菜地经翻耕后耙平，蓄浅水，利用太阳能高温消毒。如蜗牛、蛞蝓发生量大的地块，在蜗牛、蛞蝓栖身地用 500—800 倍液硫酸铜喷杀。

2. 预防根肿病：在整地时每亩撒施或穴施生石灰粉 100 公斤调整酸碱度。

3. 化学除草：整畦后于幼苗定植前，每公顷用 33% 二甲戊灵乳油 1500 毫升，兑水 900 升后均匀喷洒，药后 24 小时移栽。定植后，在禾本科杂草生长 2—3 叶期，每公顷用 15% 精吡氟禾草灵乳油 525—750 毫升，兑水 750 升后进行针对性茎叶喷雾。

4. 定植水：定植时浇 50% 多菌灵可湿性粉剂 800 倍液 +40% 辛硫磷乳油 1000 倍液的定植水，可预防立枯病和地下害虫。

四、莲座期—结球期病虫防治措施

1. 防治霜霉病、病毒病、根肿病及虫害：方法同苗期。

2. 白斑病：选用 50% 咪鲜胺锰盐可湿性粉剂 800—1000 倍液或 75% 百菌清可湿性粉剂 800 倍液喷雾。

3. 黑斑病：严格控制杂草危害是防黑斑病的关键环节，此外可选用 46% 氢氧化铜水分散粒剂 1000 倍液、10% 苯醚甲环唑水分散粒剂 1000—1200 倍液或 25% 吡唑醚菌酯乳油 2500—3000 倍液喷雾。

4. 软腐病：选用 2% 春雷霉素水剂 600—800 倍液、3% 中生菌素可湿性粉剂 600—800 倍液、77% 硫酸铜钙可湿性粉剂 800—1000 倍液、46% 氢氧化铜水分散粒剂 800—1000 倍液或 47% 春雷·王铜可湿性粉剂 600—800 倍液喷雾。

5. 菌核病：选用 50% 腐霉利可湿性粉剂 1500 倍液、50% 腐霉利可湿性粉剂 1500 倍液 +68.75% 噁唑菌酮·锰锌水分散粒剂 1200 倍液或 50% 异菌脲可湿性粉剂 1500 倍液喷雾。

6. 干烧心病：是缺钙造成的生理性病害。在莲座后期开始，可选用 0.7% 氯化钙 +0.7% 硫酸锰、1% 过磷酸钙浸出液、钙宝 800—1000 倍液或志信高钙 1000—1500 倍液（早、晚用），每隔 7 天喷一次，连续喷 3—4 次，并保持土壤湿度，不可太干或太湿。

特别提示：莲座期要严防小菜蛾、菜青虫、夜蛾类和地老虎等幼虫钻入叶球蛀食，避免造成严重损失。

五、采收前预防措施

因病害的发生有一定潜伏期，其潜伏期长短除了受病原特性影响外，还与田间小气候关系密切。病害一旦发生，往往措手不及；特别是临近收获期，选择安全间隔期适宜的农药品种难度较大。为此，收获前应根据气候条件和预计可能发生的病害种类，选择上述相对应的农药品种联合预防病害发生，以治本为目的。虫害可选用上述相对应农药品种和安全间隔期，以治标为目的。

收获期间着重抓好以下病虫害安全防治。

1. 软腐病：选用 2% 春雷霉素水剂 600—800 倍液或 46% 氢氧化铜水分散粒剂 800—1000 倍液喷雾。

2. 小菜蛾：可用 5% 氯虫苯甲酰胺悬浮剂 1500 倍液喷雾。

3. 蚜虫：可用 10% 溴氰虫酰胺可分散油悬浮剂 1000—1500 倍液喷雾。

4. 甘蓝夜蛾：可用 0.3% 苦参碱水剂 300—400 倍液喷雾。

5. 蛞蝓、蜗牛：可用 30% 茶皂素水剂 300—400 倍液喷雾。

第二节　小白菜、上海青

主要病害有猝倒病、立枯病、白斑病、霜霉病、黑斑病等，主要虫害有黄曲条跳甲、小菜蛾、菜青虫、斜纹夜蛾、蚜虫、蜗牛、蛞蝓等危害。

一、种植前预防措施

1. 种子处理：① 55℃的恒温水浸种 15 分钟；② 1% 硫酸铜液或 1% 高锰酸钾液浸种 15—20 分钟；③用种子量 0.3%—0.4% 的 50% 福美双可湿性粉剂或 35% 甲霜灵种子处理干粉剂拌种。

2. 种植地土壤处理：①实行轮作，特别是前茬有发生根肿病的土壤不能种植。②用碳酸氢铵 1125 公斤／公顷均匀撒施后，覆盖薄膜，密闭 5 天（晴）或 7 天（阴雨）后揭膜，或施基肥时加入茶籽饼 225 公斤／公顷后整畦。③有蜗牛、蛞蝓危害的菜地，前茬收后，翻耕耙平，每亩设小土堆 5—8 个作蛞蝓栖身地，灌 5—

8厘米浅水；待蛞蝓、蜗牛集中在土堆后，用96%硫酸铜晶体500—800倍液喷杀。④在6—8月，利用高温强光照条件翻耕晒白，3—5天后整畦播种，对pH5.5以下的土壤，每公顷撒施生石灰粉1500公斤以上。

二、苗期—莲座期—摘心期病虫草害防治措施

1.化学除草：在种子播（盖种）后苗前，每公顷用96%精异丙甲草胺乳油1125—1250毫升或33%二甲戊灵乳油1500—1750毫升，兑水900升，均匀喷洒。

2.猝倒病：选用68%精甲霜灵·锰锌水分散粒剂800倍液、72.2%霜霉威盐酸盐水剂500—600倍液、30%噻唑锌悬浮剂500—800倍液或10亿芽孢/克枯草芽孢杆菌可湿性粉剂100—300倍液浇灌。

3.立枯病：选用30%噁霉灵水剂1000—1300倍液、5%井冈霉素水剂1500倍液或10亿芽孢/克枯草芽孢杆菌可湿性粉剂100—300倍液浇灌。

4.白斑病：选用43%戊唑醇悬浮剂3000—4000倍液、50%咪鲜胺锰盐可湿性粉剂800—1000倍液或75%百菌清可湿性粉剂600—800倍液喷雾。

5.霜霉病：选用10%氰霜唑悬浮剂2000—2500倍液、50%烯酰吗啉可湿性粉剂1000—1200倍液、70%丙森锌可湿性粉剂500—700倍液或68.75%噁酮·锰锌水分散粒剂750—1000倍液喷雾。

6.黑斑病：选用46%氢氧化铜水分散粒剂1500—2000倍液、50%腐霉利可湿性粉剂800—1200倍液或3%多抗霉素水剂600—

800倍液喷雾。

7. 黄曲条跳甲：选用2.5%鱼藤酮乳油500—600倍液、10%高效氯氰菊酯乳油1000—1500倍液、5%氟啶脲乳油1000—1500倍液（必须在早晨或傍晚喷雾与浇灌同时进行）或1%联苯·噻虫胺颗粒剂45—60公斤/公顷喷雾。

8. 小菜蛾：在使用小菜蛾性诱剂或15瓦节能灯诱杀成虫的同时，选用10%虫螨腈悬浮剂1500—2000倍液、25%除虫脲悬浮剂1000倍液（早、晚用）、50%丁醚脲可湿性粉剂1000—1500倍液、5%氯虫苯甲酰胺悬浮剂1500倍液或100亿孢子/毫升短稳杆菌悬浮剂750倍液喷雾。

特别提示：防治小菜蛾和黄曲条跳甲时，混用80%敌敌畏乳油800倍液，可杀死大量成虫，以降低产卵。

9. 菜青虫：选用5%氟啶脲乳油2000—2500倍液、24%甲氧虫酰肼悬浮剂2500—3000倍液、0.3%苦参碱水剂300—400倍液、25%除虫脲悬浮剂1000倍液或100亿孢子/毫升短稳杆菌悬浮剂750倍液喷雾。

10. 斜纹夜蛾：在使用性诱剂诱杀成虫的基础上，选用10%虫螨腈悬浮剂1000—1500倍液、25%除虫脲悬浮剂1500倍液、24%甲氧虫酰肼悬浮剂2500—3000倍液或200亿PIB/克斜纹夜蛾核型多角体病毒水分散粒剂5000—6000倍液喷雾。

11. 蚜虫：在使用黄板诱杀成虫的同时，选用35%吡虫啉悬浮剂5000—6000倍液、25%噻虫嗪水分散粒剂5000—6000倍液、5.7%氟氯氰菊酯乳油1800倍液、2.5%鱼藤酮乳油800—1000倍液或1.5%除虫菊素水乳剂400—500倍液喷雾。

12. 蜗牛、蛞蝓：每公顷用225公斤的茶籽饼粉泡水750升喷洒土表，或用 6% 四聚乙醛颗粒剂 22.5 公斤 / 公顷撒施，或用 30% 茶皂素水剂 300—400 倍液喷雾。

三、采收期防治措施

1. 霜霉病：选用 10% 氰霜唑悬浮剂 2000—2500 倍液或 50% 烯酰吗啉可湿性粉剂 1000—1200 倍液喷雾。

2. 小菜蛾：选用 6% 乙基多杀菌素悬浮剂 1500—2000 倍液或 15% 茚虫威悬浮剂 2000—3000 倍液喷雾。

3. 菜青虫：选用 6% 乙基多杀菌素悬浮剂 1500—2000 倍液或 1.6 万国际单位 / 毫克苏云金杆菌可湿性粉剂 1500 倍液喷雾。

4. 斜纹夜蛾：选用 200 亿 PIB/ 克斜纹夜蛾核型多角体病毒水分散粒剂 5000—6000 倍液、10% 虫螨腈悬浮剂 1000—1500 倍液或 25% 除虫脲悬浮剂 1500 倍液喷雾防治幼虫，同时用灯光或性诱剂诱杀成虫。

第三节 菜心

菜心主要病害有猝倒病、立枯病（黑根病）、霜霉病、黑腐病、软腐病、黑斑病、白锈病等，主要虫害有小菜蛾、斜纹夜蛾、甜菜夜蛾、菜青虫、潜叶蝇、黄曲条跳甲、蚜虫、蜗牛、蛞蝓等危害。

一、种植前预防措施

1. 种子处理：用种子量 0.2% 的 2.5% 咯菌腈悬浮种衣剂 + 种子量 3% 的水，搅匀拌种后即播种，可预防猝倒病、立枯病。

2. 实行轮作：选用前茬为非十字花科菜地。

3. 土壤消毒：每公顷用1125公斤碳酸氢铵，均匀撒施于翻耕的园土中，如土壤干燥，可适量浇水，保持土壤湿润，紧密覆盖薄膜，密封3—5天（晴）或7天（阴雨），揭膜整畦，均匀播种。此法可有效杀死部分地下害虫、土传病害、草籽，特别对黄曲条跳甲幼虫的杀灭有显著效果。

4. 化学除草：于播种后出芽前（有盖种），每公顷用广谱性除草剂96%精异丙甲草胺乳油1050毫升（沙壤土）或1275毫升（黏土），兑水900升喷雾；或用33%二甲戊灵乳油1500毫升，兑水900升喷雾。

二、苗期—生长抽薹期病虫害防治措施

1. 猝倒病：选用68%精甲霜灵·锰锌水分散粒剂800倍液、72.2%霜霉威盐酸盐水剂500—600倍液、75%百菌清可湿性粉剂600倍液或10亿芽孢/克枯草芽孢杆菌可湿性粉剂100—300倍液浇灌。

2. 立枯病：选用30%噁霉灵水剂1000—1300倍液、5%井冈霉素水剂1500倍液或10亿芽孢/克枯草芽孢杆菌可湿性粉剂100—300倍液浇灌。

3. 黑根病：可用75%百菌清可湿性粉剂600倍液喷雾。

4. 霜霉病：选用80%三乙膦酸铝可湿性粉剂800倍液、50%烯酰吗啉可湿性粉剂1000—1200倍液、70%丙森锌可湿性粉剂500—700倍液或68%精甲霜灵·锰锌水分散粒剂700—800倍液喷雾。

5. 黑斑病：选用50%异菌脲可湿性粉剂1200倍液、46%氢氧化铜水分散粒剂800—1000倍液、25%吡唑醚菌酯乳油2500—

3000 倍液或 50% 啶酰菌胺水分散粒剂 2000—2500 倍液喷雾。

6. 黑腐病、软腐病：选用 47% 春雷·王铜可湿性粉剂 800 倍液、77% 硫酸铜钙可湿性粉剂或 46% 氢氧化铜水分散粒剂 800—1000 倍液、12% 松脂酸铜悬浮剂 400 倍液或 2% 春雷霉素水剂 600—800 倍液喷雾。

7. 白锈病：选用 75% 百菌清可湿性粉剂 600 倍液、68% 精甲霜灵·锰锌水分散粒剂 800 倍液或 64% 噁霜·锰锌可湿性粉剂 1000 倍液喷雾。

8. 小菜蛾：及时实施 15 瓦节能灯诱杀，低龄幼虫可选用 1.6 万国际单位 / 毫克苏云金杆菌可湿性粉剂 1500 倍液（气温低于 25℃不宜使用，加化学药剂药效更佳）、6% 乙基多杀菌素悬浮剂 1500—2000 倍液、25% 除虫脲悬浮剂 1000 倍液（早晚用）或 100 亿孢子 / 毫升短稳杆菌悬浮剂 750 倍液喷雾。

特别提示：苗期—生长中期，防治此虫应与 80% 敌敌畏乳油 800 倍液混用，可杀灭成虫，以减少下一代虫口数。

9. 菜青虫：选用 6% 乙基多杀菌素悬浮剂 1500—2000 倍液、1.6 万国际单位 / 毫克苏云金杆菌可湿性粉剂 1500 倍液、24% 甲氧虫酰肼悬浮剂 2500—3000 倍液或 100 亿孢子 / 毫升短稳杆菌悬浮剂 750 倍液喷雾。

10. 斜纹夜蛾、甜菜夜蛾：定植时即实施性诱剂和灯光诱杀成虫，幼虫可选用 10% 虫螨腈悬浮剂 1000—1500 倍液、0.3% 苦参碱水剂 300—400 倍液、10 亿孢子 / 毫升短稳杆菌悬浮剂 750 倍液或 5.7% 甲氨基阿维菌素苯甲酸盐微乳剂 6000—8000 倍液喷雾。

11. 蚜虫：发现有翅蚜时即用黄板诱杀，同时选用 35% 吡虫啉悬浮剂 5000—6000 倍液、25% 噻虫嗪水分散粒剂 5000—6000

倍液、5.7%氟氯氰菊酯乳油1800倍液或20%啶虫脒可溶粉剂4000—5000倍液喷雾。

12.黄曲条跳甲：选用25%噻虫嗪水分散粒剂3000—4000倍液、4.5%高效氯氰菊酯乳油800—1000倍液喷雾，或用1%联苯·噻虫胺颗粒剂45—60公斤/公顷处理种植层土表。

特别提示：该虫应喷雾和浇灌双管齐下，方可有效控制。

13.潜叶蝇：在使用黄板和灯光诱杀成虫的同时，选用75%灭蝇胺可湿性粉剂4500—6000倍液（苗期慎用）或5.7%甲氨基阿维菌素苯甲酸盐微乳剂6000—8000倍液喷雾。

14.蛞蝓、蜗牛：可撒施6%四聚乙醛颗粒剂22.5公斤/公顷；或用96%硫酸铜晶体800—1000倍液喷雾；每公顷用茶籽饼粉225公斤，泡水24小时，兑水2250升浇洒；或用茶籽饼粉225公斤/公顷拌化肥撒施；还可用30%茶皂素水剂300—400倍液喷雾。

三、采收前和采收期间预防措施

因病害的发生有一定潜伏期，其潜伏期长短除了受病原特性影响外，还与田间小气候等因素有关。病害一旦发生，往往措手不及；特别是临近收获期，应注意预防软腐病和夜蛾类害虫。选择安全间隔期适宜的农药品种使用，难度较大。为此，收获前，应根据气候条件和预计可能发生的病害种类，选择相对应的安全农药品种联合预防病虫害发生为目的。

采收期间应着重抓好以下病虫害安全防治措施。

1.小菜蛾、菜青虫：可用6%乙基多杀菌素悬浮剂1500—2000倍液喷雾。

2. 蛞蝓、蜗牛：撒施 6% 四聚乙醛颗粒剂 22.5 公斤 / 公顷。

3. 霜霉病：选用 10% 氰霜唑悬浮剂 2000—2500 倍液或 50% 烯酰吗啉可湿性粉剂 1000—1200 倍液喷雾。

第四节　青花菜、花椰菜

青花菜和花椰菜主要病害有猝倒病、立枯病（黑根病）、黑胫病、霜霉病、炭疽病、根肿病、菌核病、黑腐病、黑斑病、软腐病、灰霉病、缺素症等，主要虫害有黄曲条跳甲、小菜蛾、菜青虫、蚜虫、夜蛾类、红腹灯蛾、白粉虱、棉铃虫、美洲斑潜蝇、潜叶蝇、蜗牛、蛞蝓和其他地下害虫等危害。

一、播种前预防措施

1. 种子处理：进口种子有包裹种衣者无需处理。无种衣的种子，可按种子重量 0.3% 的量称取 50% 福美双可湿性粉剂，拌种；或用占种子量 0.2% 的 2.5% 咯菌腈悬浮种衣剂加占种子量 3% 的水，拌种均匀即播种。

2. 育苗场所消毒：前茬需选种植非十字花科蔬菜地，整畦压平后选用 50% 福美双可湿性粉剂 8—10 克 / 米^2，浇洒后盖膜（用育苗架的无需盖膜）待用。凡大棚育苗场所，应同时进行空间消毒，用硫磺 4 克加锯末 10 克 / 米^3 混匀，分置 3—5 个容器内燃烧，于晚上 7 时左右进行，且密闭 24 小时以上。

3. 基质消毒：基质按比例混配后，按基质 0.2% 的量拌入 50% 多菌灵可湿性粉剂。

二、幼苗期病虫防治措施

特别提示：因青花菜、花椰菜蜡质层较厚而光滑，影响药剂附着，影响药效。为此，施药时务必注意先在水中加入展着剂，后加农药，同时选用雾化细的喷头，方可确保药效。

1. 猝倒病、立枯病：于幼苗子叶展开时，选用 72.2% 霜霉威盐酸盐水剂 500—600 倍液、30% 噁霉灵水剂 1000—1300 倍液或 10 亿芽孢/克枯草芽孢杆菌可湿性粉剂 100—300 倍液浇灌。

2. 黑胫病：选用 50% 异菌脲可湿性粉剂 1000—1500 倍液或 50% 腐霉利可湿性粉剂 1000—1500 倍液喷雾。

3. 黑根病：可用 75% 百菌清可湿性粉剂 600 倍液喷雾。

4. 霜霉病：选用 68% 精甲霜灵·锰锌水分散粒剂 700—800 倍液或 80% 三乙膦酸铝可湿性粉剂 800 倍液喷雾。

5. 黑斑病：可用 50% 腐霉利可湿性粉剂 800—1000 倍液喷雾。

6. 黄曲条跳甲：危害严重的地区，可于种植层撒施 1% 联苯·噻虫胺颗粒剂 45—60 公斤/公顷，初发生期可选用 2.5% 鱼藤酮乳油 500—600 倍液、4.5% 高效氯氰菊酯乳油 800—1000 倍液、25% 噻虫嗪水分散粒剂 3000 倍液或 5% 氟啶脲乳油 1000—1500 倍液，于早晨或傍晚施用。

特别提示：防治该虫应从田的周边开始，采用浇灌并喷雾双管齐下技术。

7. 小菜蛾：定植后即实施 15 瓦节能灯诱杀，同时选用 1.6 万国际单位/毫克苏云金杆菌可湿性粉剂 1500 倍液（气温低于 25℃不宜用，加化学药剂更佳）、6% 乙基多杀菌素悬浮剂 1500—2000 倍液、15% 茚虫威悬浮剂 2000—3000 倍液、50% 丁醚脲可湿性粉剂 1000—1500 倍液或 300 亿包含体/毫升（OB/ml）小菜蛾颗粒体病毒悬浮剂 750—1000 倍液喷雾。

特别提示：防治该虫时，混用 80% 敌敌畏乳油 800 倍液，可杀灭大量成虫，以降低虫卵量。

8. 送嫁药：移栽前 2 天，可用 50% 福美双可湿性粉剂或 64% 噁霜·锰锌可湿性粉剂 700 倍液 +0.3% 苦参碱水剂 300 倍液喷雾，预防根肿病可选用 50% 氟啶胺悬浮剂 2500 倍液 +0.3% 苦参碱水剂 300 倍液。也可根据苗期可能发生的病虫害，选用其他相关杀虫、杀菌剂混合喷雾。

三、定植作业流程

1. 实行轮作：选用前茬为非十字花科菜地。

2. 土壤消毒：①用 750—1125 公斤 / 公顷碳铵密闭消毒（方法同前）；②高温季节（7—9 月），前茬采收清园后，翻耙耙平园土，灌 10 厘米浅水，利用太阳能高温消毒 7—10 天，整畦。此法对地下害虫、跳甲幼虫、蜗牛、蛞蝓及土传病害均有显著的防治效果。

3. 化学除草：于整地做畦、开穴等活动后，定植前可根据杂草发生状况选用相应的药剂防除。每公顷可选用 96% 精异丙甲草胺乳油 1125—1275 毫升、33% 二甲戊灵乳油 1500—1875 毫升或 50% 敌草胺可湿性粉剂 1500—1875 克，兑水 900 升喷洒。如杂草危害严重的应在种植后、一年生禾本科杂草 2—3 叶期，每公顷用 6.9% 精噁唑禾草灵乳油 600—750 毫升，兑水 900 升，茎叶喷雾。

4. 定植水：浇定植水时，可加 50% 福美双可湿性粉剂 700 倍液；有地下害虫的田块，可加 50% 二嗪磷乳油 1000 倍液。

四、定植—花球生长期病虫害防治措施

1. 霜霉病：选用 80% 三乙膦酸铝可湿性粉剂 800 倍液、50%

烯酰吗啉可湿性粉剂 1000—1200 倍液、70% 丙森锌可湿性粉剂 500—700 倍液或 68% 精甲霜灵·锰锌水分散粒剂 700—800 倍液喷雾。

2. 软腐病、黑腐病：选用 46% 氢氧化铜水分散粒剂 1500 倍液、47% 春雷霉素·王铜可湿性粉剂 600—800 倍液、2% 春雷霉素水剂 600—800 倍液、30% 噻唑锌悬浮剂 500—800 倍液或 3% 中生菌素可湿性粉剂 500 倍液喷雾。

3. 黑斑病：选用 46% 氢氧化铜水分散粒剂 800—1500 倍液、50% 腐霉利可湿性粉剂 800—1500 倍液、25% 吡唑醚菌酯乳油 2000—2500 倍液或 50% 异菌脲可湿性粉剂 1000—1500 倍液喷雾。

4. 炭疽病：严格控制杂草危害是防治炭疽病的关键环节。在此基础上，可选用 70% 甲基硫菌灵可湿性粉剂 800 倍液、50% 克菌丹可湿性粉剂 500—600 倍液或 43% 戊唑醇悬浮剂 3000—4000 倍液喷雾。

5. 菌核病、灰霉病：选用 50% 腐霉利可湿性粉剂 800—1000 倍液、65% 甲硫·乙霉威可湿性粉剂 800—1000 倍液或 50% 异菌脲可湿性粉剂 1000—1500 倍液喷雾。

6. 根肿病：病区移栽前除了应施送嫁药和本田撒石灰（1500 公斤 / 公顷）外，可于移栽后 14 天选用 68% 精甲霜灵·锰锌水分散粒剂 600 倍液灌根，于返青后浇灌 50% 氟啶胺悬浮剂 2500 倍液两次（间隔 7 天）或用 70% 丙森锌可湿性粉剂 500 倍液浇灌。

7. 生理病害：①缺硼的田块，在施基肥时，均匀混施硼砂 15—22.5 公斤 / 公顷，生长期可用志信超硼 1000—1200 倍液喷施 2—3 次；②缺钼的田块，于生长前中期施用 0.02%—0.05% 钼酸铵溶液叶面喷施 2—3 次，或喷施志信高钼 3000—4500 倍液。

8. 小菜蛾：方法同苗期。

特别提示：选用 80% 敌敌畏乳油 800 倍液，可灭杀大量成虫。

9. 菜青虫：选用 1.6 万国际单位 / 毫克苏云金杆菌可湿性粉剂 1500 倍液、100 亿孢子 / 毫升短稳杆菌悬浮剂 750 倍液、6% 乙基多杀菌素悬浮剂 1500—2000 倍液、24% 甲氧虫酰肼悬浮剂 2500—3000 倍液、25% 除虫脲悬浮剂 1000 倍液或 5.7% 氟氯氰菊酯乳油 2000—3000 倍液喷雾。

10. 蚜虫：发现有翅蚜时即用黄板诱杀成虫，同时选用 6% 乙基多杀霉素悬浮剂 1000—1500 倍液、25% 噻虫嗪水分散粒剂 5000—6000 倍液、35% 吡虫啉悬浮剂 5000—6000 倍液、10% 溴氰虫酰胺可分散油悬浮剂 1000—1500 倍液或 20% 啶虫脒可溶粉剂 3500—4000 倍液喷雾防治幼虫。

11. 美洲斑潜蝇、潜叶蝇：在使用黄板和灯光诱杀成虫的同时，选用 75% 灭蝇胺可湿性粉剂 4500—6000 倍液或 5.7% 甲氨基阿维菌素苯甲酸盐微乳剂 6000—8000 倍液喷雾。

12. 夜蛾类：定植后选用相关种类性诱剂诱杀成虫和黑光灯诱杀成虫，选用 5.7% 甲氨基阿维菌素苯甲酸盐微乳剂 6000—8000 倍液、10% 虫螨腈悬浮剂 1000—1500 倍液、24% 甲氧虫酰肼悬浮剂 2500—3000 倍液、0.3% 苦参碱水剂 300 倍液或 100 亿孢子 / 毫升短稳杆菌悬浮剂 750 倍液喷雾。

13. 棉铃虫：选用 2.5% 联苯菊酯乳油 800—1000 倍液、24% 甲氧虫酰肼悬浮剂 2000—3000 倍液、5.7% 甲氨基阿维菌素苯甲酸盐微乳剂 6000—8000 倍液、15% 茚虫威悬浮剂 2000—3000 倍液、5.7% 氟氯氰菊酯乳油 1200—1500 倍液、2.5% 氯氟氰菊酯乳油

1500—2000倍液或600亿PIB/克棉铃虫核型多角体病毒水分散粒剂5000倍液喷雾。

14. 白粉虱：在使用黄板诱杀成虫的同时，选用20%啶虫脒可溶粉剂3500—4000倍液（显花蕾后禁用）、25%噻虫嗪水分散粒剂2500—3000倍液、99%绿颖喷淋油200倍液或22.4%螺虫乙酯悬浮剂2500倍液喷雾。

15. 蜗牛、蛞蝓：可撒施6%四聚乙醛颗粒剂22.5公斤/公顷，或喷洒96%硫酸铜晶体800—1000倍液；也可每公顷用茶籽饼粉225公斤，泡水24小时后兑水2250升，浇洒土表；或将茶籽饼粉直接拌化肥撒施；还可用30%茶皂素水剂300—400倍液喷雾。

五、采收前预防措施

病害的发生有一定潜伏期，其潜伏期长短除了与病原故有特性有关外，还与田间小气候关系重大。病害一旦发生，往往措手不及；特别是临近收获期，选择安全间隔期适宜的农药品种更加困难。为此，收获前，应根据气候条件和预计可能发生的病虫害种类，选择相对应的安全农药品种，混用预防病虫害发生为目的。

特别提示：采收前最后1次预防用药，一定要混入50%扑海因可湿性粉剂800倍液，可预防花蕾水渍状斑点。

采收期着重抓好以下病虫害安全防治。

1. 花球软腐病、黑腐病：选用46%氢氧化铜水分散粒剂1500倍液或2%春雷霉素水剂600—800倍液喷雾。

2. 夜蛾类：选用0.3%苦参碱水剂300倍液或100亿孢子/毫升短稳杆菌可湿性粉剂750倍液喷雾。

3. 小菜蛾：可用 5% 氯虫苯甲酰胺悬浮剂 1500 倍液喷雾。

4. 蚜虫：可用 10% 溴氰虫酰胺可分散油悬浮剂 1000—1500 倍液喷雾。

第五节　结球甘蓝

结球甘蓝主要病害有猝倒病、立枯病、黑胫病、霜霉病、褐腐病、黑斑病、褐斑病、根肿病、菌核病、软腐病、炭疽病、干烧心等，主要虫害有黄曲条跳甲、小菜蛾、菜青虫、烟粉虱、蚜虫、夜蛾类、美洲斑潜蝇、潜叶蝇、蜗牛、蛞蝓和其他地下害虫危害。

一、育苗期预防措施

1. 种子处理：进口种子有包裹种衣者无需处理。无种衣的种子，可用种子量 0.3% 的 50% 福美双可湿性粉剂拌种，或用种子量 0.2% 的 2.5% 咯菌腈悬浮种衣剂加种子量 3% 的水，拌种均匀即可播种。

2. 育苗场所消毒：前茬需选种植非十字花科蔬菜地，整畦压平后选用 50% 福美双可湿性粉剂 8—10 克 / 米^2 浇洒，盖膜（用育苗架的无需盖膜）待用。凡大棚育苗场所，应同时进行空间消毒，用硫磺 4 克 + 锯末 10 克 / 米^3 混匀，分置 3—5 个容器内燃烧，于晚上 7 时左右进行，且密闭 24 小时以上。

3. 穴盘育苗基质：各种基质按比例混配后，加入 0.2% 的 50% 福美双可湿性粉剂消毒，可预防黑胫病。

二、幼苗期病虫防治措施

特别提示：因甘蓝蜡质层较厚而光滑，药剂不易附着，影响药效。为此，施药时务必注意，先在水中加入展着剂后加农药，同时选用雾化细的喷头，方可确保药效。

1. 猝倒病：选用 68% 精甲霜灵·锰锌水分散粒剂、72.2% 霜霉威盐酸盐水剂 500—600 倍液、30% 噻唑锌悬浮剂 500—800 倍液或 10 亿芽孢 / 克枯草芽孢杆菌可湿性粉剂 100—300 倍液浇灌。

2. 立枯病：选用 30% 噁霉灵水剂 1000—1300 倍液、5% 井冈霉素水剂 1500 倍液或 10 亿芽孢 / 克枯草芽孢杆菌可湿性粉剂 100—300 倍液浇灌。

3. 黑胫病：在严格控制土壤水分的基础上，选用 50% 异菌脲可湿性粉剂 1000—1500 倍液或 64% 噁霜·锰锌可湿性粉剂 600 倍液喷雾。

4. 黄曲条跳甲：选用 2.5% 鱼藤酮乳油 500—600 倍液、4.5% 高效氯氰菊酯乳油 800—1000 倍液、25% 噻虫嗪水分散粒剂 3000—4000 倍液、5% 氟啶脲乳油 1000—1500 倍液喷雾或撒施 1% 联苯·噻虫胺颗粒剂 45—60 公斤 / 公顷。

特别提示：防治该虫应从田间周边开始，于早晨或傍晚时，采用浇灌和喷雾双管齐下技术方可有效控制。

5. 小菜蛾：定植后即实施 15 瓦节能灯诱杀；同时选用 1.6 万国际单位 / 毫克苏云金杆菌可湿性粉剂 800 倍液（气温低于 25℃ 不宜用）、50% 丁醚脲可湿性粉剂 800—1500 倍液、15% 茚虫威悬浮剂 2000—3000 倍液、6% 乙基多杀菌素悬浮剂 1000—1500 倍液或 300 亿 OB/ 毫升小菜蛾颗粒剂病毒悬浮剂 750—1000 倍液喷雾。

特别提示：防治该虫时混用 80% 敌敌畏乳油 800 倍液混用，可灭杀田间大量成虫，以减少下代虫口数。

6. 烟粉虱：在使用黄板诱杀成虫的同时，选用 2.5% 溴氰菊酯乳油 1500—2000 倍液、5.7% 甲氨基阿维菌素苯甲酸盐微乳剂 6000—8000 倍液、5.7% 氟氯氰菊酯乳油 2500 倍液、99% 绿颖喷淋油 200 倍液或 22.4% 螺虫乙酯悬浮剂 2000—2500 倍液喷雾。

7. 送嫁药：预防根肿病可选用 10% 氰霜唑悬浮剂 3500 倍液或 50% 氟啶胺悬浮剂 2500 倍液喷雾。

三、定植前后的预防措施

1. 实行轮作：选用前茬为非十字花科菜地。

2. 土壤消毒：用 750—1050 公斤 / 公顷碳酸氢铵密闭消毒，并结合施茶籽饼粉 225 公斤 / 公顷，可防治蜗牛、蛞蝓、蚯蚓等地下害虫。高温季节（7—9 月），前茬采收清园后，翻耙耙平园土，灌 10 厘米浅水，利用太阳能高温消毒 7—10 天，整畦。此法对地下害虫、黄曲条跳甲幼虫、蜗牛、蛞蝓及土传病害均有显著效果。

3. 化学除草：于整地做畦、开穴等活动后，定植前可选用合适的药剂防除杂草。每公顷可用 96% 精异丙甲草胺乳油 1125—1275 毫升或 33% 二甲戊灵乳油 1500—1875 毫升，兑水 900 升后喷洒。定植后、禾本科一年生杂草生长 2—3 叶期，每公顷可选用 6.9% 精噁唑禾草灵乳油 600—750 毫升或 12.5% 烯禾啶乳油 1200—1500 毫升，兑水 750 升，茎叶喷雾。

4. 定植水：有地下害虫为害的田块，选用 40% 辛硫磷乳油 1000 倍液浇灌。

四、定植—包心生长期病虫防治措施

1. 褐腐病：应从苗期重视预防，选用 47% 春雷·王铜可湿性粉剂 800 倍液、77% 硫酸铜钙可湿性粉剂 800—1000 倍液或 46%

氢氧化铜水分散粒剂 800—1000 倍液喷雾。

2. 霜霉病：选用 80% 三乙膦酸铝可湿性粉剂 800 倍液、50% 烯酰吗啉可湿性粉剂 1000—1200 倍液、70% 丙森锌可湿性粉剂 500—700 倍液或 68% 精甲霜灵·锰锌水分散粒剂 700—800 倍液喷雾。

3. 黑斑病：发病初期可选用 46% 氢氧化铜水分散粒剂 800—1000 倍液、10% 苯醚甲环唑水分散粒剂 1500 倍液、50% 腐霉利可湿性粉剂 800—1500 倍液、25% 吡唑醚菌酯乳油 2000—2500 倍液或 50% 克菌丹可湿性粉剂 800—1000 倍液喷雾。

4. 软腐病：选用 2% 春雷霉素水剂 600—800 倍液、47% 春雷·王铜可湿性粉剂 600—800 倍液、46% 氢氧化铜水分散粒剂 800—1000 倍液或 77% 硫酸铜钙可湿性粉剂 800—1000 倍液喷雾。

5. 根肿病：除严格实施带药下田和本田撒 1500 公斤/公顷石灰外，于移栽后 14 天选用 50% 氟啶胺悬浮剂 2500 倍液、70% 丙森锌可湿性粉剂 500 倍液或 68% 精甲霜灵·锰锌水分散粒剂 600 倍液连续浇灌两次（间隔 7 天）。

6. 褐斑病、炭疽病：选用 70% 甲基硫菌灵可湿性粉剂 800 倍液、75% 百菌清可湿性粉剂 1000 倍液、10% 苯醚甲环唑水分散粒剂 1500 倍液、70% 代森联水分散粒剂 600 倍液或 25% 嘧菌酯悬浮剂 1500 倍液喷雾。

7. 菌核病：选用 50% 腐霉利可湿性粉剂 2000 倍液、50% 异菌脲可湿性粉剂 1500 倍液或 70% 甲基硫菌灵可湿性粉剂 700 倍液喷雾。

8. 生理病害：干烧心病是因植株缺钙引起。因此，从莲座期后期开始就要保持土壤湿润，防止干燥缺水。施基肥和追肥应以腐熟有机肥为主，尽量少施化学氮肥。在莲座后期、结球初期用有水氯化钙 0.5%—0.7% 喷心叶 2—3 次，也可用钙宝 800—1000倍液或志信高钙 1000—1500 倍液（早、晚用），均有显著效果。

9. 小菜蛾：在使用 15 瓦节能灯诱杀成虫的基础上，选用 1.6万国际单位 / 毫克苏云金杆菌可湿性粉剂 1500 倍液（气温低于25℃不宜使用）、100 亿孢子 / 毫升短稳杆菌悬浮剂 750 倍液、0.3%苦参碱水剂 300—400 倍液、6% 乙基多杀菌素悬浮剂 1500—2000倍液、5% 氯虫苯甲酰胺悬浮剂 1500—2000 倍液、25% 除虫脲悬浮剂 1000 倍液（早、晚用）或 100 亿包含体 / 克（OB/g）小菜蛾颗粒体病毒悬浮剂 750—1000 倍液喷雾。

特别提示：防治该虫时，加入 80% 敌敌畏乳油 800 倍液，可以杀灭成虫，减少下一代虫口数。

10. 菜青虫：选用 1.6 万国际单位 / 毫克苏云金杆菌可湿性粉剂 1500 倍液、6% 乙基多杀菌素悬浮剂 1500—2000 倍液、24% 甲氧虫酰肼悬浮剂 2500—3000 倍液、5.7% 氟氯氰菊酯乳油 2000—3000倍液或 6% 阿维·氟虫苯甲酰胺悬浮剂 2500 倍液喷雾。

11. 蚜虫：在使用黄板诱杀的同时，选用 20% 啶虫脒可溶粉剂 4000—5000 倍液、25% 噻虫嗪水分散粒剂 5000—6000 倍液、35% 吡虫啉悬浮剂 2500—3000 倍液、5.7% 氟氯氰菊酯乳油 2000—2500 倍液、2.5% 鱼藤酮乳油 800—1000 倍液或 1.5% 除虫菊素水乳剂 400—500 倍液喷雾。

12. 美洲斑潜蝇、潜叶蝇：在使用黄板和灯光诱杀成虫的基础上，选用 75% 灭蝇胺可湿性粉剂 4500—6000 倍液或 5.7% 甲氨基阿维菌素苯甲酸盐微乳剂 6000—8000 倍液喷雾。

13. 夜蛾类：在使用斜纹夜蛾性诱剂的同时进行灯光诱杀，

选用 5.7% 甲氨基阿维菌素苯甲酸盐微乳剂 4500—6000 倍液、10%
虫螨腈悬浮剂 1000—1500 倍液、24% 甲氧虫酰肼悬浮剂 2500—
3000 倍液、0.3% 苦参碱水剂 300 倍液、5% 虱螨脲乳油 1000—1500
倍液或 10 亿 PIB/ 毫升苜蓿银纹夜蛾核型多角体病毒悬浮剂 400
倍液喷雾。

14. 棉铃虫：选用 2.5% 联苯菊酯乳油 800—1000 倍液、24%
甲氧虫酰肼悬浮剂 2000—3000 倍液、5.7% 甲氨基阿维菌素苯甲酸
盐微乳剂 4500—6000 倍液、5% 氟啶脲乳油 800—1000 倍液、5.7%
氟氯氰菊酯乳油 3000 倍液或 600 亿 PIB/ 克棉铃虫核型多角体病
毒水分散粒剂 5000 倍液喷雾。

15. 蜗牛、蛞蝓：撒施 6% 四聚乙醛颗粒剂 22.5 公斤 / 公顷
或喷洒 96% 硫酸铜晶体 800—1000 倍液，也可用茶籽饼粉 225 公
斤 / 公顷，泡水 24 小时后，兑水 2250 升浇洒；还可用茶籽饼粉
225 公斤 / 公顷拌化肥撒施；或用 30% 茶皂素水剂 300—400 倍液
喷洒。

16. 烟粉虱：防治方法同苗期。

五、采收前预防措施

因病害的发生有一定潜伏期，其潜伏期长短除了与病原特性
有关外，还与田间小气候关系重大。病害一旦发生，往往措手不
及；特别是临近收获期，选择安全间隔期适宜的农药品种更为困
难。为此，收获前应根据气候条件和预计可能发生的病害种类，
选择相对应的安全农药品种联合预防病虫害发生为目的。

1. 软腐病、黑腐病：可用 46% 氢氧化铜水分散粒剂 1000—
1500 倍液喷雾。

2. 灰霉病：选用 50% 腐霉利可湿性粉剂 800—1000 倍液或 50% 异菌脲可湿性粉剂 1000—1500 倍液喷雾。

3. 蚜虫：可用 10% 溴氰虫酰胺可分散油悬浮剂 1000—1500 倍液喷雾。

4. 蜗牛、蛞蝓：可用 30% 茶皂素水剂 300—400 倍液喷雾。

第六节　芥蓝

芥蓝病害主要有软腐病、立枯病、病毒病、黑根病、菌核病、灰霉病、霜霉病、细菌性叶斑病、黑腐病等，主要虫害有小菜蛾、蚜虫、菜青虫等危害。

一、综合预防措施

1. 加强田间管理：实施轮作制，避免单一过量施用氮肥，采用氮、磷、钾和微量元素的平衡施肥技术，严格控温湿度，确保田间通风透气。

2. 苗床土消毒：选用 30% 噁霉灵水剂、50% 多菌灵可湿性粉剂、50% 异菌脲可湿性粉剂或 50% 敌磺钠可湿性粉剂 45—75 公斤/公顷，拌土 600—900 公斤，均匀撒施苗床表面。用 3% 井冈霉素水剂 1000 倍液或 72.2% 霜霉威盐酸盐水剂 600 倍液喷淋苗床。

3. 种子消毒：播种前用 50℃的温水浸种 20 分钟，可预防细菌性叶斑病和黑斑病；用 10% 磷酸三钠浸种 20 分钟，可钝化病毒；用 35% 甲霜灵种子处理干粉剂拌种，用量为种子量的 0.2%。

4. 诱杀害虫：小菜蛾可用性诱剂或 15 瓦节能灯诱杀，有翅蚜用黄板诱杀。

二、幼苗期—叶簇生长期—菜薹形成期防治措施

1. 立枯病：选用 72.2% 霜霉威盐酸盐水剂 500—600 倍液或 30% 噁霉灵水剂 800—1000 倍液浇灌。

2. 软腐病：摘心后应及时喷药，是预防伤口感染的关键环节。5%—10% 石灰乳涂抹摘心切口；选用 46% 氢氧化铜水分散粒剂 800—1000 倍液、47% 春雷·王铜可湿性粉剂 600—800 倍液、77% 硫酸铜钙可湿性粉剂 800—1000 倍液或 3% 中生菌素可湿性粉剂 500 倍液喷雾。

3. 病毒病：在及时防治蚜虫的同时，可选用 0.003% 丙酰芸苔素内酯水剂 3000 倍液、0.01% 芸苔素内酯水剂 3000—4000 倍液、2% 氨基寡糖素水剂 500—800 倍液、20% 吗胍·乙酸铜可湿性粉剂或 6% 烷醇·硫酸铜可湿性粉剂 500—700 倍液喷雾。

4. 黑根病：选用 3% 井冈霉素水剂 1000 倍液或 72.2% 霜霉威盐酸盐水剂 600 倍液喷雾。

5. 菌核病、灰霉病：选用 50% 腐霉利可湿性粉剂 1000—2000 倍液、50% 异菌脲可湿性粉剂 1000—1500 倍液或 65% 甲基硫菌灵·乙霉威可湿性粉剂 800—1000 倍液喷雾。

6. 霜霉病：选用 69% 烯酰吗啉·锰锌可湿性粉剂 800 倍液、80% 三乙膦酸铝可湿性粉剂 800 倍液或 30% 壬菌铜水乳剂 500—600 倍液喷雾。

7. 细菌性叶斑病：选用 46% 氢氧化铜水分散粒剂 800—1000 倍液、2% 春雷霉素水剂 600—800 倍液或 25% 吡唑醚菌酯乳油 1300 倍液喷雾。

8. 黑腐病：选用 50% 氯溴异氰脲酸可湿性粉剂 1000 倍液、

47% 春雷霉素·王铜可湿性粉剂 700 倍液或 3% 中生霉素可湿性粉剂 500 倍液喷雾。

9. 小菜蛾：选用 300 亿包含体 / 毫升小菜蛾颗粒病毒水剂 750 倍液、100 亿孢子 / 毫升短稳杆菌悬浮剂 750 倍液或 5% 氟啶脲乳油 1200 倍液 +80% 敌敌畏乳油 800 倍液（兼杀成虫）喷雾。

10. 菜青虫：选用 24% 甲氧虫酰肼悬浮剂 2500—3000 倍液、5.7% 氟氯氰菊酯乳油 3500—4000 倍液或 1.6 万国际单位 / 毫克 / 克苏云金杆菌可湿性粉剂 800 倍液喷雾。

11. 蚜虫：选用 20% 啶虫脒可溶粉剂 4000—5000 倍液、25% 噻虫嗪水分散粒剂 3000—4000 倍液、200 万有效活菌数 / 毫升耳霉菌悬浮剂 200—300 倍液或 99% 矿物油乳油 800—1000 倍液喷雾。

三、杂草防除

1. 播后苗前施药：每公顷选用 50% 敌草胺可湿性粉剂 1500—2250 克 / 公顷或 33% 二甲戊灵乳油 1500—3000 毫升，均兑水 450—600 升 / 公顷，喷雾土表封闭。

2. 直播苗后施药：①在一年生禾本科杂草 2—3 叶期，每公顷用 15% 精吡氟禾草灵乳油 495—750 毫升，兑水 600—750 升，针对性喷雾。②在一年生禾本科杂草 3—4 叶期，每公顷用 10.8% 高效氟吡甲禾灵乳油 450—525 毫升，兑水 600—750 升，针对性喷雾。③在一年生禾本科杂草 3—5 叶期，每公顷选用 5% 精喹禾灵乳油 750—900 毫升或 6.9% 精噁唑禾草灵乳油 750—900 毫升，兑水 600—750 升，针对性喷雾。

第七节 芥菜、包心芥菜

芥菜和包心芥菜主要病害有猝倒病、立枯病、霜霉病、病毒病、软腐病、菌核病、黑斑病、炭疽病、根肿病、干烧心病等，主要虫害有蚜虫、黄曲条跳甲、蜗牛、蛞蝓和地下害虫等危害。

一、播种前预防措施

1. 种子消毒：①用55℃恒温水浸种15小时；②1%高锰酸钾或1%硫酸铜浸种15—20分钟；③用种子量0.3%—0.4%的50%福美双可湿性粉剂拌种。

2. 育苗场所消毒：前茬需选非种植十字花科蔬菜的地块，整畦压平后选用50%福美双可湿性粉剂8—10克/米²浇洒后盖膜（用育苗架的无需盖膜）待用。凡大棚育苗场所，应同时进行空间消毒，用硫磺4克+锯末10克/米³混匀，分置3—5个容器内燃烧，于晚上7时左右进行，且密闭24小时以上。

二、苗期防治措施

1. 猝倒病：选用68%精甲霜灵·锰锌水分散粒剂800倍液、72.2%霜霉威盐酸盐水剂500—600倍液、75%百菌清可湿性粉剂600倍液或10亿芽孢/克枯草芽孢杆菌可湿性粉剂100—300倍液浇灌。

2. 立枯病：选用30%噁霉灵水剂1000—1300倍液、5%井冈霉素水剂1500倍液或10亿芽孢/克枯草芽孢杆菌可湿性粉剂100—300倍液浇灌。

3. 霜霉病：选用10%氰霜唑悬浮剂2000—2500倍液、50%烯酰吗啉可湿性粉剂1000—1200倍液、70%丙森锌可湿性粉剂

500—700 倍液或 68% 精甲霜灵·锰锌水分散粒剂 600 倍液喷雾。

4. 病毒病：在防治蚜虫的基础上，选用 20% 吗胍·乙酸铜可湿性粉剂或 6% 烷醇·硫酸铜可湿性粉剂 500—700 倍液、2% 氨基寡糖素水剂 500—800 倍液、0.01% 芸苔素内酯水剂 3000—4000 倍液或 0.003% 丙酰芸苔素内酯水剂 3000 倍液喷雾。

5. 根肿病：可用 50% 氟啶胺悬浮剂 2500 倍液浇灌（定植返青后每隔 7 天连续浇灌 3 次），或用 10% 氰霜唑悬浮剂 2000—2500 倍液、68% 精甲霜灵·锰锌水分散粒剂 500 倍液浇灌，也可用 2% 生石灰水浇施。

6. 蚜虫：在使用黄板诱杀的同时，选用 25% 噻虫嗪水分散粒剂 5000—6000 倍液、35% 吡虫啉悬浮剂 5000—6000 倍液或 5.7% 氟氯氰菊酯乳油 1800 倍液喷雾。

7. 黄曲条跳甲：用 1% 联苯·噻虫胺颗粒剂 45—60 公斤 / 公顷撒施种植层，或选用 4.5% 高效氯氰菊酯乳油 800—1000 倍液、25% 噻虫嗪水分散粒剂 3000—4000 倍液喷雾。

特别提示：防治此虫必须喷雾和浇灌并举才可见效。

8. 地下害虫：在使用灯光诱杀成虫的同时，选用 0.3% 苦参碱水剂 400 倍液浇施或 5.7% 甲氨基阿维菌素苯甲酸盐微乳剂 6000—8000 倍液，也可撒施 3% 辛硫磷颗粒剂 60—75 公斤 / 公顷。

9. 送嫁肥、送嫁药：拔苗前 3 天用磷酸二氢钾 700 倍液 +70% 甲基硫菌灵可湿性粉剂 700 倍液 +10% 氰霜唑悬浮剂 3500 倍液喷雾。

三、定植前后预防措施

1. 定植地的选择与处理：应与非十字花科轮作，如前茬跳甲、蜗牛和蛞蝓危害严重的地块，应先采取相应的灭虫措施后再种植。①翻耕后，每公顷均匀撒施1125公斤碳酸氢铵，覆盖薄膜密闭5天（晴）或7天（阴雨），揭膜后整畦定植；②利用夏季强日照条件下，前作收后翻耕耙平，灌蓄浅水，并用园土垒5—8个小土堆，作为蜗牛、蛞蝓栖身地，再用96%硫酸铜晶体1000倍液喷杀（傍晚实施）。

2. 有根肿病地区：①每公顷撒施生石灰粉1500公斤；②定植后选用70%甲基硫菌灵可湿性粉剂500倍液、68%精甲霜灵·锰锌水分散粒剂500倍液、10%氰霜唑悬浮剂2000倍液或50%氟啶胺悬浮剂2500倍液浇灌。

3. 化学除草：移栽后、一年生禾本科杂草生长2—3叶期，每公顷用15%精吡氟禾草灵乳油525—750毫升，兑水750升，进行针对性喷雾。

四、生长期防治措施

1. 软腐病：选用2%春雷霉素水剂600—800倍液、47%春雷·王铜可湿性粉剂800—1000倍液、77%硫酸铜钙可湿性粉剂或46%氢氧化铜水分散粒剂800—1000倍液或3%中生菌素可湿性粉剂1000—1500倍液喷雾。

2. 黑斑病：选用25%苯醚甲环唑水分散粒剂5000—6000倍液、50%腐霉利可湿性粉剂800—1200倍液或46%氢氧化铜水分散粒剂800—1000倍液喷雾。

3. 菌核病：选用40%氟硅唑乳油6000倍液、50%腐霉利可湿性粉剂1500倍液、50%异菌脲可湿性粉剂1500倍液或40%嘧霉胺悬浮剂1500—2000倍液喷雾。

特别提示：上述三种病采收前应注意预防 1 次，以免后期无安全药剂可治。

4. 炭疽病：选用 70% 甲基硫菌灵可湿性粉剂 800 倍液、50% 咪鲜胺锰盐可湿性粉剂 800—1000 倍液、50% 克菌丹可湿性粉剂 500—600 倍液或 25% 嘧菌酯悬浮剂 1500—2000 倍液喷雾。

5. 干烧心病：于莲座后期开始补钙，选用 0.7% 氯化钙 +0.7% 硫酸锰、钙宝 800—1000 倍液、1% 的过磷酸钙浸出液或志信高钙 1000—1500 倍液（早、晚用）喷雾。

6. 其他病虫害：防治方法同苗期。

五、采收期间安全防治措施

1. 霜霉病：可用 10% 氰霜唑悬浮剂 2000—2500 倍液喷雾。

2. 病毒病：可用 2% 氨基寡糖素水剂 500—800 倍液喷雾。

3. 软腐病：可用 2% 春雷霉素水剂 600—800 倍液喷雾。

4. 炭疽病：可用 25% 嘧霉胺悬浮剂 1500—2000 倍液喷雾。

5. 小菜蛾、菜青虫：选用 6% 乙基多杀菌素悬浮剂 1500—2000 倍液 +0.3% 苦参碱水剂 300 倍液或 200 万有效活菌数 / 毫升耳霉菌悬浮剂 300—400 倍液喷雾。

第四章　根菜类蔬菜病虫草害防治

第一节　萝卜

萝卜主要病害有霜霉病、黑斑病、白斑病、白锈病、炭疽病、黑根病、黑腐病、软腐病、病毒病、糠心等，主要虫害有萝卜蚜、菜青虫、甜菜夜蛾、甘蓝夜蛾、菜螟、黄曲条跳甲、猿叶甲、种蝇、小地老虎等危害。

一、播种前后预防措施

1. 种子消毒：用 50% 福美双可湿性粉剂或 35% 甲霜灵种子处理干粉剂拌种，用量为种子量的 0.3%，可预防霜霉病和黑斑病。

2. 种植地消毒：有小地老虎、种蝇、黄曲条跳甲危害的地块，播种前每公顷施用碳酸氢铵 1125 公斤，撒后用薄膜覆盖，封闭 5—7 天即可播种。

3. 化学除草：播后出苗前，每公顷可用 96% 精异丙甲草胺乳油 1275 毫升，兑水 750 升，喷雾封闭土表。

二、幼苗期病虫防治措施

1. 霜霉病：选用 80% 三乙膦酸铝可湿性粉剂 800 倍液、64% 噁霜·锰锌可湿性粉剂 600 倍液或 68% 精甲霜灵·锰锌水分散粒剂 600 倍液喷雾。

2. 黑斑病：选用 75% 百菌清可湿性粉剂 800 倍液、50% 异菌脲可湿性粉剂 1200 倍液、50% 腐霉利可湿性粉剂 1500 倍液或 68% 精甲霜灵·锰锌水分散粒剂 800 倍液喷雾。

3. 黄曲条跳甲：用 1% 联苯·噻虫胺颗粒剂 45—60 公斤/公顷撒施于种植层；或选用 90% 敌百虫晶体 1500 倍液、2.5% 鱼藤酮乳油 500—600 倍液、4.5% 高效氯氰菊酯乳油 800—1000 倍液或 25% 噻虫嗪水分散粒剂 3000—4000 倍液，喷雾和浇灌同时进行，方可有效控制其危害。

4. 小地老虎：用灯光诱杀成虫，同时选用 50% 二嗪磷乳油 1200 倍液或 0.3% 苦参碱水剂 300 倍液喷雾防治幼虫。

三、叶生长期病虫防治措施

1. 霜霉病、黑斑病：防治方法同苗期。

2. 白斑病：选用 75% 百菌清可湿性粉剂 600 倍液或 70% 甲基硫菌灵可湿性粉剂 1000 倍液喷雾。

3. 白锈病：选用 80% 代森锰锌可湿性粉剂 600—800 倍液、75% 百菌清可湿性粉剂 600 倍液、68% 精甲霜灵·锰锌水分散粒剂 600 倍液或 64% 噁霜·锰锌可湿性粉剂 1000 倍液喷雾。

4. 炭疽病：选用 70% 甲基硫菌灵可湿性粉剂 800 倍液、50% 克菌丹可湿性粉剂 500—600 倍液或 75% 百菌清可湿性粉剂 600 倍液喷雾。

5. 病毒病：及时防治蚜虫最重要。可选用 0.003% 丙酰芸苔素内酯水剂 3000 倍液、0.01% 芸苔素内酯水剂 3000—4000 倍液、1.5% 三十烷醇·硫酸铜·十二烷基硫酸钠水剂 800 倍液或 20% 吗胍·乙酸铜可湿性粉剂 800—1000 倍液喷雾。

6. 萝卜蚜：在使用黄板诱杀成虫的同时，选用 35% 吡虫啉悬浮剂 5000—6000 倍液、10% 高效氯氰菊酯乳油 2000 倍液、25% 噻虫嗪水分散粒剂 5000—6000 倍液或 2.5% 鱼藤酮乳油 800—1000 倍液喷雾。

7. 菜青虫、菜螟：选用 1.6 万国际单位 / 毫克苏云金杆菌可湿性粉剂 1500 倍液 +6% 乙基多杀菌素悬浮剂 2000 倍液、24% 甲氧虫酰肼悬浮剂 2500—3000 倍液、5.7% 氟氯氰菊酯乳油 2500—3000 倍液或 100 亿孢子 / 毫升短稳杆菌悬浮剂 750 倍液喷雾。

8. 甘蓝夜蛾、甜菜夜蛾：在灯光诱杀成虫的同时，选用 5.7% 甲氨基阿维菌素苯甲酸盐微乳剂 5000—6000 倍液、10% 虫螨腈悬浮剂 1500—2000 倍液、5% 虱螨脲乳油 1000—1500 倍液、24% 甲氧虫酰肼悬浮剂 2500—3000 倍液或 10 亿 PIB/ 克苜蓿银纹夜蛾核型多角体病毒悬浮剂 400 倍液喷雾。

9. 种蝇：可用 40% 辛硫磷乳油或 90% 敌百虫晶体 1000 倍液喷雾。

四、肉质根生长期防治措施

1. 黑根病：选用 72.2% 霜霉威盐酸盐水剂 700 倍液、47% 春雷·王铜可湿性粉剂 800 倍液或 75% 百菌清可湿性粉剂 600 倍液喷雾。

2. 黑腐病、软腐病：选用 2% 春雷霉素水剂或 77% 硫酸铜钙可湿性粉剂 600—800 倍液、46% 氢氧化铜水分散粒剂 800—1000 倍液或 30% 噻唑锌悬浮剂 500—800 倍液喷雾。

3. 黑斑病、白斑病、白锈病、炭疽病：防治方法同生长前期。

4. 糠心：科学施肥。增施钾、硼肥，防止氮肥过多，控制湿度，防止过干过湿，以傍晚浇水为宜。

5. 害虫：防治方法同叶生长期。

五、采收前预防病虫害措施

采收前应十分注意预防肉质根生长期可能发生的软腐病、黑腐病、黑根病，以及为害肉质根的小地老虎、黄曲条跳甲和种蝇；应选用安全间隔期合适的杀虫、杀菌剂混配施用。预防是重中之重的措施，以免措手不及或存在农残隐患。

第二节 红萝卜

红萝卜主要病害有黑斑病、黑腐病、斑点病、细菌性软腐病、软腐病等，主要虫害有蚜虫、茴香凤蝶、银锭夜蛾、赤条蝽等危害。

一、综合预防措施

1. 实行轮作：与禾本科作物轮作 3—4 年，或水旱轮作；合理种植密度，保持田间透气，适当增施钾肥。

2. 种子消毒：选用 50% 福美双可湿性粉剂、75% 百菌清可湿性粉剂或 50% 异菌脲可湿性粉剂拌种，用量为种子量的 0.3%。

3. 诱杀技术：可用黄板诱杀有翅蚜，灯光诱杀银锭夜蛾等趋光性害虫。

4. 化学除草：播后苗前每公顷可用 96% 精异丙甲草胺乳油 1275 毫升，兑水 750 升，喷雾封闭土表。

二、幼苗、肉质根生长期防治措施

1. 黑斑病：选用 50% 异菌脲可湿性粉剂 1000—1500 倍液、

75%百菌清可湿性粉剂600倍液或68%精甲霜灵·锰锌水分散粒剂600—800倍液喷雾。

2. 黑腐病、斑点病：选用46%氢氧化铜水分散粒剂600—800倍液、77%硫酸铜钙可湿性粉剂800—1000倍液、50%异菌脲可湿性粉剂1500倍液或50%啶酰菌胺水分散粒剂2000—2500倍液喷雾。

3. 细菌性软腐病：选用15%络氨铜水剂400倍液、50%敌磺钠可湿性粉剂800—1000倍液或30%琥胶肥酸铜可湿性粉剂500倍液喷雾。

4. 软腐病：选用50%异菌脲可湿性粉剂1000倍液、50%腐霉利可湿性粉剂1500—2000倍液或2%春雷霉素水剂600—800倍液喷雾。

5. 蚜虫：选用35%吡虫啉悬浮剂4000—5000倍液、1.5%除虫菊素水乳剂500倍液、2.5%鱼藤酮乳油1000倍液或0.3%苦参碱水剂300—400倍液喷雾。

6. 茴香凤蝶、银锭夜蛾：选用5%氟啶脲乳油1000倍液或5%氯虫苯甲酰胺悬浮剂1000倍液喷雾。

7. 赤条蝽：选用6%乙基多杀菌素悬浮剂1500—2000倍液或43%联苯肼酯悬浮剂2000—3000倍液喷雾。

第三节　胡萝卜

主要病害有猝倒病、立枯病、黑斑病、斑点病、黑腐病、花叶病、细菌性软腐病、菌核性软腐病、灰霉病、根结线虫病等，主要虫害有蚜虫、斜纹夜蛾和种蝇等地下害虫危害。

一、播种前后预防措施

1. 种子处理：①用 50% 福美双可湿性粉剂或 35% 甲霜灵种子处理干粉剂拌种，用量为种子量的 0.3%；② 1% 高锰酸钾或 1% 硫酸铜晶体溶液浸种 15—20 分钟。

2. 种植地土壤处理：应实行轮作，选用未种过胡萝卜的沙壤土。如有种蝇和根结线虫病的种植地，可选用碳酸氢铵 1125 公斤/公顷，均匀撒施，保持土壤湿润，密盖薄膜 3—5 天（晴）或 7—10 天（阴雨）；也可用太阳能高温消毒法。前茬收后翻耕耙平，灌 5—10 厘米浅水，经太阳照射、高温消毒 7—10 天，对地下害虫、线虫、土传病害和草籽均有较强的杀灭效果。

3. 化学除草：播后苗前（有盖种），每公顷用 96% 精异丙甲草胺乳油 900—1200 毫升或 50% 嗪草酮可湿性粉剂 750—900 克，兑水 900 升，均匀喷洒。

二、苗期病虫草害防治措施

1. 猝倒病、立枯病：选用 30% 噁霉灵水剂 1000—1300 倍液或 72.2% 霜霉威盐酸盐水剂 600—800 倍液浇灌。

2. 蚜虫：于有翅蚜初发期用黄板诱杀的同时，选用 25% 噻虫嗪水分散粒剂 5000—6000 倍液、35% 吡虫啉悬浮剂 5000—6000 倍液、200 万有效活菌数/毫升耳霉菌悬浮剂 300—400 倍液或 22% 氟啶虫胺腈悬浮剂 3000 倍液喷雾。

3. 化学除草：出苗后，于禾本科杂草 3—4 叶期前，每公顷用 15% 精吡氟禾草克乳油 525—750 毫升，兑水 900 升喷雾。

三、莲座叶生长期—肉质根膨大期病虫害防治措施

1. 霜霉病：选用 70% 丙森锌可湿性粉剂 500—700 倍液、80% 三乙膦酸铝可湿性粉剂 800 倍液或 68% 精甲霜灵·锰锌水分散粒剂 800 倍液喷雾。

2. 黑斑病、斑点病：选用 10% 苯醚甲环唑水分散粒剂 1500 倍液、77% 硫酸铜钙可湿性粉剂 800—1000 倍液、50% 异菌脲可湿性粉剂 1500 倍液或 50% 啶酰菌胺水分散粒剂 2000—2500 倍液喷雾。

3. 花叶病：除用 35% 吡虫啉悬浮剂 5000—6000 倍液防治蚜虫外，还可选用 1.5% 三十烷醇·硫酸铜·十二烷基硫酸钠水剂 800—1000 倍液、0.003% 丙酰芸苔素内酯水剂 3000 倍液或 0.01% 芸苔素内酯水剂 3000—4000 倍液喷雾。

4. 菌核性软腐病、灰霉病：选用 50% 腐霉利可湿性粉剂 800 倍液或 50% 异菌脲可湿性粉剂 1000—1500 倍液喷雾。

5. 细菌性软腐病：每亩增施石灰 100—150 公斤，初发病时选用 3% 中生菌素可湿性粉剂 600—800 倍液、30% 虎胶肥酸铜可湿性粉剂 500 倍液、2% 春雷霉素水剂 600—800 倍液、46% 氢氧化铜水分散粒剂或 77% 硫酸铜钙可湿性粉剂 800—1000 倍液喷雾。

6. 黑腐病：选用 50% 克菌丹可湿性粉剂 600 倍液、50% 异菌脲可湿性粉剂 1500 倍液或 75% 百菌清可湿性粉剂 400—500 倍液喷雾。

7. 根结线虫病：用 10% 噻唑膦颗粒剂 22.5—30 公斤/公顷撒施，或选用 5.7% 甲氨基阿维菌素苯甲酸盐微乳剂 5000—6000 倍液、41.7% 氟吡菌酰胺悬浮剂 1000—1500 倍液灌根。

8. 蚜虫：参照苗期防治措施。

9. 斜纹夜蛾：灯光和性诱剂诱杀的同时，选用 5% 虱螨脲乳油 1000—1500 倍液、10% 虫螨腈悬浮剂 1000—1500 倍液、25% 除虫脲悬浮剂 1500 倍液（早、晚用）、200 亿 PIB/ 克斜纹夜蛾核型多角体病毒水分散粒剂 1000—1500 倍液或 0.3% 苦参碱水剂 300 倍液喷雾。

10. 种蝇：成虫发生期选用 90% 敌百虫晶体 1000 倍液或 2.5% 溴氰菊酯乳油 3000 倍液喷雾，幼虫期用 50% 二嗪磷乳油 1000 倍液，连续浇灌 2—3 次（限叶生长期用）。

11. 其他地下害虫：在使用频振式杀虫灯诱杀的同时，选用 0.3% 苦参碱水剂 300—400 倍液、5.7% 甲氨基阿维菌素苯甲酸盐微乳剂 5000—6000 倍液、5.7% 氟氯氰菊酯乳油 700—1000 倍液或 50% 二嗪磷乳油 1000 倍液（限苗期）灌根。

第五章　绿叶菜类蔬菜病虫草害防治

第一节　芹菜、西洋芹

芹菜和西洋芹主要病害有猝倒病、立枯病、斑枯病（晚疫病）、叶斑病（早疫病）、软腐病、黑腐病、黑斑病、病毒病、缺硼症、根结线虫病等，主要虫害有蚜虫、斑潜蝇、蜗牛、蛞蝓等危害。

一、播种前后预防措施

1 种子消毒：芹菜和西洋芹的种子有刺毛和油腺。刺毛会影响均匀播种，因此播前应将刺毛搓去；有油腺的种子不易吸水，因此在播前应用48—50℃恒温水浸种25分钟。浸种还可预防叶斑病、斑枯病。浸种时捞去瘪籽，用清水冲洗干净，风干后即可播种。也可用50%福美双可湿性粉剂200—300倍液浸种30分钟，冲洗干净，风干后播种。

2.育苗场所消毒：前茬需选种植非伞形科蔬菜地，整畦压平后选用50%福美双可湿性粉剂8—10克/米^2，浇洒后盖膜（用育苗架的无需盖膜）待用。凡大棚育苗场所，应同时进行空间消毒，用硫磺4克＋锯末10克/米^{3}混匀，分置3—5个容器内燃烧，于晚上7时左右进行，且密闭24小时以上。

3.化学除草：芹菜和西洋芹播后（有盖种）苗前，每公顷用96%精异丙甲草胺乳油1200毫升，兑水750升，喷雾封闭土表，可防除一年生单双子叶杂草。

二、苗期防治措施

主要病害有猝倒病、立枯病，高温前育苗注意病毒病、蚜虫的防治。如苗床的前茬有根结线虫病危害，应注意预防，拔除时应检查根系，有病苗不应定植大田。在拔苗前 3 天用磷酸二氢钾 15—20 克 + 水 15 公斤，在肥液中加 72.2% 霜霉威盐酸盐水剂，稀释成 800 倍液喷雾，作送嫁肥和送嫁药。

三、定植地预防措施

1. 实行轮作：种植地不能选在前茬为芹菜或西洋芹的田块，实施 2 年以上轮作。

2. 土壤消毒：在 6—8 月利用高温强日照，先将土壤翻动后耙平，灌 5—10 厘米浅水，利用太阳能高温消毒；②每公顷用 1125 公斤碳酸氢铵，经薄膜覆盖 5—7 天，可杀死地下害虫等有害生物。

3. 杂草防除：于移栽前，每公顷施 12% 噁草酮乳油 3000—4500 毫升，兑水 750 升，喷雾土表。

四、叶丛生长初期—叶丛生长盛期病虫害防治措施

1. 猝倒病、立枯病：选用 72.2% 霜霉威盐酸盐水剂 500—600 倍液或 30% 噁霉灵水剂 1000—1300 倍液喷雾。

2. 斑枯病、黑斑病：选用 46% 氢氧化铜水分散粒剂 1500 倍液、43% 戊唑醇悬浮剂 3000 倍液、10% 苯醚甲环唑水分散粒剂 1500 倍液或 75% 百菌清可湿性粉剂 600 倍液喷雾。

3. 叶斑病：移栽前苗床选用 0.5∶1∶200 波尔多液、50% 异菌

脲可湿性粉剂 800—1000 倍液、46% 氢氧化铜水分散粒剂 1500 倍液、75% 百菌清可湿性粉剂 500 倍液或 80% 代森锰锌可湿性粉剂 600 倍液喷雾。

4. 软腐病、黑腐病：选用 77% 硫酸铜钙可湿性粉剂 800—1000 倍液、50% 氯溴异氰尿酸可湿性粉剂 1000—1500 倍液、2% 春雷霉素水剂 600—800 倍液、3% 中生菌素可湿性粉剂 1000—1200 倍液或 20% 噻菌铜悬浮剂 750 倍液喷雾。

5. 病毒病：选用 0.01% 芸苔素内酯水剂 3000—4000 倍液、2% 氨基寡糖素水剂 500—800 倍液、1.5% 三十烷醇·硫酸铜·十二烷基硫酸钠水剂 800—1000 倍液或 0.003% 丙酰芸苔素内酯水剂 3000 倍液喷雾。

6. 缺硼症：适量增施硼肥，可用志信高硼 1000—1500 倍液，连续施用 2—3 次。

7. 根结线虫病：选用 5.7% 甲氨基阿维菌素苯甲酸盐微乳剂 6000—8000 倍液或 41.7% 氟吡菌酰胺悬浮剂 1000—1500 倍液浇灌。

8. 蚜虫：在使用黄板诱杀成虫的同时，选用 25% 噻虫嗪水分散粒剂 5000—6000 倍液、20% 啶虫脒可溶粉剂 5000—6000 倍液（采收前 30 天禁用）或 2.5% 鱼藤酮乳油 800—1000 倍液喷雾。

9. 斑潜蝇：在使用黄板和灯光诱杀成虫的同时，选用 75% 灭蝇胺可湿性粉剂 4500—6000 倍液或 5.7% 甲氨基阿维菌素苯甲酸盐微乳剂 6000—8000 倍液喷雾。

10. 蜗牛、蛞蝓：喷洒 30% 茶皂素水剂 300—400 倍液或撒施 6% 四聚乙醛颗粒剂 22.5 公斤/公顷。

五、采收前预防措施

因病害的发生有一定潜伏期，其潜伏期长短除了与病原特性有关外，还与田间小气候有很大关系。病害一旦发生，往往措手不及；特别是临近收获期发病，选择安全间隔期适宜的农药品种难度较大。为此，收获前，应根据气候条件和预计可能发生的病害种类，选择上述相对应的农药品种联合预防病害发生，以治本为目的。虫害可选用上述相对应农药品种和安全间隔期，以治本为目的。

第二节 莴笋

莴笋主要病害有霜霉病、菌核病、软腐病、灰霉病、茎腐病等，主要虫害有蚜虫、斑潜蝇等危害。

一、综合预防措施

1.实行轮作：选用无毒土壤育苗，加强田间管理，做到排水良好，增施有机肥和磷钾肥。

2.土壤消毒：用50% 多菌灵可湿性粉剂 +50% 福美双可湿性粉剂按 1∶1 的比例混合后（每平方米 5—8 克）拌细土消毒土壤。

二、幼苗期—抽薹期防治措施

1.霜霉病：选用 68% 精甲霜灵·锰锌水分散粒剂 800 倍液、72% 霜脲·锰锌可湿性粉剂 800 倍液、75% 百菌清可湿性粉剂 700 倍液或 72.2% 霜霉威盐酸盐水剂 500—800 倍液喷雾。

2.菌核病、灰霉病：选用 70% 甲基硫菌灵可湿性粉剂 800 倍液、50% 腐霉利可湿性粉剂 1000 倍液、40% 嘧霉胺悬浮剂 800 倍液或 50% 异菌脲可湿性粉剂 800 倍液喷雾。

3. 软腐病：选用 46% 氢氧化铜水分散粒剂 1000－1500 倍液、47% 春雷·王铜可湿性粉剂 600 倍液、3% 中生菌素可湿性粉剂 600－800 倍液喷雾。

4. 茎腐病：选用 5% 井冈霉素水剂 1500 倍液或 50% 福美双可湿性粉剂 800 倍液喷雾。

5. 蚜虫：选用 20% 啶虫脒可溶粉剂 3500－4000 倍液、35% 吡虫啉悬浮剂 5000－6000 倍液或 0.3% 苦参碱水剂 300－400 倍液喷雾。

6. 斑潜蝇：选用 75% 灭蝇胺可湿性粉剂 5000－6000 倍液、5.7% 甲氨基阿维菌素苯甲酸盐微乳剂 6000－8000 倍液或 0.3% 印楝素乳油 500－600 倍液喷雾。

三、杂草防除

1. 整地做畦后"诱草灭草"：本田整地做畦后，没有及时移栽，如闲置数天或等苗移栽，将诱发杂草种子萌动发芽，其后生长速度迅速，可能造成草害。为此，必须重视移栽前的现存杂草杀灭和预防后续发生杂草，于移栽前 3 天，每公顷用 18% 草铵膦水剂 3750 毫升 +33% 二甲戊灵乳油 1500 毫升（或 60% 丁草胺乳油 1500 毫升），兑水 750 升，均匀喷雾，封闭土表。

2. 移栽前杂草防除：①田间已有杂草的免耕移栽地，于移栽前 2－3 天，每公顷用 18% 草铵膦水剂 3750 毫升 +33% 二甲戊灵乳油 1500 毫升（或 60% 丁草胺乳油 1500 毫升），兑水 750 升，均匀喷雾，封闭土表。这样不仅可以杀灭田间现存杂草，还可以预防后续杂草发生。②整地做畦后即时移栽地，在杂草出苗前、移栽前 2—3 天，每公顷用 33% 二甲戊灵乳油 1500 毫升或 60% 丁草胺乳油 1500 毫升，兑水 750 升，均匀喷雾。

特别提示：移栽时尽量少翻动土层，浇（或灌）返青水应适量，不得大量泼浇或漫灌，否则易产生药害。

3. 移栽后杂草防除：①在一年生禾本科杂草 3—4 叶期，每公顷用 15% 精吡氟禾草灵乳油 600—750 毫升或 10.8% 高效氟吡甲禾灵乳油 300 毫升，兑水 600 升，针对性均匀喷雾。②于一年生单（双）子叶杂草 3—4 叶期，每公顷用 33% 二甲戊灵乳油 1500 毫升，兑水 600 升，针对性均匀喷雾。

第三节　菠菜

菠菜主要病害有猝倒病、立枯病、霜霉病、炭疽病、病毒病、斑点病等，主要虫害有蚜虫、潜叶蝇、猿叶甲、蜗牛、蛞蝓等危害。

一、播种前预防措施

1. 种子处理：35% 甲霜灵种子处理干粉剂 800 倍液，浸种 60 分钟，预防霜霉病。

2. 种植地土壤消毒：忌连作，宜选用前茬非藜科菜地；前茬采收后，清理残株，翻耕后用 1125 公斤 / 公顷碳酸氢铵均匀撒施，薄膜覆盖 5 天（晴）或 7 天（阴雨）；揭膜后整畦播种，土壤 pH 值以 6—7 为好。

3. 化学除草：菠菜属于直播种植，其播种密度较高，生育期较短，具有较高的竞争力，所以应着重防除苗期杂草，可在播后盖种出苗前，每公顷用 33% 二甲戊灵乳油 1500 毫升，兑水 900 升，喷雾封闭土表。

二、幼苗—生长期病虫害防治措施

1. 猝倒病：选用 68% 精甲霜灵·锰锌水分散粒剂 800 倍液、72.2% 霜霉威盐酸盐水剂 500—600 倍液、75% 百菌清可湿性粉剂 600 倍液或 10 亿芽孢 / 克枯草芽孢杆菌可湿性粉剂 100—300 倍液浇灌。

2. 立枯病：选用 30% 噁霉灵水剂 1000—1300 倍液、5% 井冈霉素水剂 1500 倍液或 10 亿芽孢 / 克枯草芽孢杆菌可湿性粉剂 100—300 倍液浇灌。

3. 霜霉病：选用 80% 三乙膦酸铝可湿性粉剂 800 倍液、70% 丙森锌可湿性粉剂 500—700 倍液、68% 精甲霜灵·锰锌水分散粒剂 700—800 倍液或 10% 氰霜唑悬浮剂 2000 倍液喷雾。

4. 炭疽病：选用 50% 咪鲜胺锰盐可湿性粉剂 800—1000 倍液、50% 异菌脲可湿性粉剂 1500 倍液或 50% 克菌丹可湿性粉剂 600 倍液喷雾。

5. 病毒病：选用 0.01% 芸苔素内酯水剂 3000—4000 倍液、2% 氨基寡糖素水剂 500—600 倍液或 0.003% 丙酰芸苔素内酯水剂 3000 倍液喷雾。

6. 斑点病：选用 70% 甲基硫菌灵可湿性粉剂 800—1000 倍液、25% 嘧菌酯悬浮剂 1500 倍液或 64% 噁霜·锰锌可湿性粉剂 500 倍液喷雾。

7. 蚜虫：选用 35% 吡虫啉悬浮剂 5000—6000 倍液、2.5% 氯氟氰菊酯乳油 1500—2000 倍液、25% 噻虫嗪水分散粒剂 5000—

6000 倍液或 1.5% 除虫菊素水乳剂 500 倍液喷雾。

8. 潜叶蝇：在使用黄板和灯光诱杀成虫的同时，选用 75% 灭蝇胺可湿性粉剂 4500—6000 倍液或 5.7% 甲氨基阿维菌素苯甲酸盐微乳剂 6000—8000 倍液喷雾。

9. 蜗牛、蛞蝓：①每公顷用茶籽饼 225 公斤泡水 1500 升 24 小时后，用过滤液在傍晚喷施；②撒施 6% 四聚乙醛颗粒剂 22.5 公斤 / 公顷；③ 30% 茶皂素水剂 300—400 倍液喷雾。选择上述方法中的一种。

10. 猿叶甲：在使用黑光灯诱杀成虫的同时，选用 2.5% 溴氰菊酯乳油 2000—3000 倍液、4.5% 高效氯氰菊酯乳油 1500 倍液、20% 啶虫脒可溶粉剂 6500 倍液或 1.5% 除虫菊素水乳剂 500 倍液喷雾。

11. 地下害虫：在使用黑光灯诱杀成虫的同时，选用 0.3% 苦参碱水剂 300—400 倍液、5.7% 甲氨基阿维菌素苯甲酸盐微乳剂 6000—8000 倍液或 50% 二嗪磷乳油 1000—1200 倍液浇灌。

三、采收期间病虫害安全防治措施

1. 霜霉病：可选用 10% 氰霜唑悬浮剂 2000—2500 倍液或 50% 烯酰吗啉可湿性粉剂 1000—1200 倍液喷雾。

2. 潜叶蝇：可用 0.3% 印棟素乳油 500—600 倍液喷雾。

3. 蚜虫：用 200 万有效活菌数 / 毫升耳霉菌悬浮剂 300—400 倍液喷雾。

第四节　芫荽

芫荽病害主要有立枯病、叶斑病、菌核病、软腐病、白粉病、黑腐病等，虫害主要是蚜虫危害。

一、病害预防措施

1. 种子处理：可用 10% 盐水选种，再用清水洗干净后，晾干播种；还可用 3% 中生菌素可湿性粉剂 800 倍液浸种 5 分钟，晾干播种。

2. 诱杀害虫：用黄板诱杀有翅蚜。

二、幼苗期—营养生长期防治措施

1. 立枯病：选用 5% 井冈霉素水剂 1500 倍液、72.2% 霜霉威盐酸盐水剂 800 倍液或 10 亿芽孢/克枯草芽孢杆菌可湿性粉剂 100—300 倍液浇灌。

2. 叶斑病：选用 75% 百菌清可湿性粉剂 1000 倍液或 46% 氢氧化铜水分散粒剂 800—1000 倍液喷雾。

3. 菌核病、软腐病：选用 50% 异菌脲可湿性粉剂 1000 倍液或 50% 腐霉利可湿性粉剂 1000 倍液喷雾。

4. 白粉病：选用 10% 苯醚甲环唑水分散粒剂 1500 倍液或 0.5% 大黄素甲醚水剂 750—1000 倍液喷雾。

5. 黑腐病：选用 70% 甲基硫菌灵可湿性粉剂 800 倍液、50% 克菌丹可湿性粉剂 1000 倍液、3% 中生菌素可湿性粉剂 600—800 倍液或 2% 春雷霉素水剂 750—1000 倍液喷雾。

6. 蚜虫：可用 35% 吡虫啉悬浮剂 5000—6000 倍液或 0.3% 苦参碱水剂 300—400 倍液喷雾，也可用 200 万有效活菌数/毫升耳霉菌悬浮剂 300—400 倍液喷雾。

三、杂草防除

化学除草可选用氟乐灵或仲丁灵等除草剂：①每公顷用 48% 氟乐灵乳油 1200—1500 毫升，兑水 450—600 升，于播种覆土后，苗前喷雾土表。②每公顷用 48% 仲丁灵乳油 3000—3650 毫升，兑水 450—600 升，于播种覆土后，苗前喷雾封闭土表。

第五节　茼蒿

茼蒿病害主要有立枯病、猝倒病、叶枯病、霜霉病、褐斑病、炭疽病等，主要害虫有潜叶蝇、白粉虱、蚜虫、蓟马、斜纹夜蛾、甜菜夜蛾等危害。

一、综合预防措施

1. 农业措施：实施轮作倒茬，合理密植，增施磷钾肥，适时喷施叶面肥。

2. 种子消毒：用种子量 1.5% 的 10 亿芽孢 / 克枯草芽孢杆菌可湿性粉剂拌种，可预防立枯病和猝倒病。

3. 土壤消毒：3% 多抗霉素水剂 800 倍液浇灌土壤，可预防猝倒病。

4. 诱杀害虫：应用灯光诱杀斜纹夜蛾等趋光性害虫，黄板诱杀潜叶蝇和有翅蚜，用蓝板诱杀蓟马。

二、幼苗期—嫩梢采收期—侧枝再生期防治措施

1. 立枯病、猝倒病：选用 72.2% 霜霉威盐酸盐水剂 500—600 倍液或 72.2% 霜霉威盐酸盐 800 倍液 +50% 福美双可湿性粉剂

800倍液或3%多抗霉素水剂800倍液浇灌。

2.霜霉病：选用68%精甲霜灵·锰锌水分散粒剂600—700倍液或64%噁霜·锰锌可湿性粉剂500倍液喷雾。

3.叶枯病：选用50%异菌脲可湿性粉剂1500倍液或70%甲基硫菌灵可湿性粉剂700—800倍液喷雾。

4.褐斑病：选用80%代森锰锌可湿性粉剂500—600倍液或10%苯醚甲环唑水分散粒剂1500倍液喷雾。

5.炭疽病：选用50%咪鲜胺锰盐可湿性粉剂1000—1500倍液或70%甲基硫菌灵可湿性粉剂800倍液喷雾。

6.潜叶蝇：选用75%灭蝇胺可湿性粉剂5000—6000倍液（露水干后施用）或0.3%印楝素乳油500—600倍液喷雾。

7.蓟马、蚜虫：选用25%噻虫嗪水分散粒剂3000—4000倍液、0.3%苦参碱水剂300—400倍液或10%溴氰虫酰胺可分散油悬浮剂3000倍液喷雾。

8.白粉虱：选用22.4%螺虫乙酯悬浮剂2000—2500倍液、25%噻虫嗪水分散粒剂3000—4000倍液或20%呋虫胺可分散油悬浮剂1500倍液喷雾。

9.斜纹夜蛾、甜菜夜蛾：选用20亿PIB/克甘蓝夜蛾核多角体病毒乳油3000倍液、100亿孢子/毫升短稳杆菌悬浮剂600—700倍液或5%氯虫苯甲酰胺悬浮剂1000—1500倍液喷雾。

特别提示：茼蒿第一次嫩梢采收后，生长侧枝速度较快，应选择低毒低残留而安全间隔期短的农药，以免延误采收，造成产品质量严重下降。

三、杂草防除

每公顷用50%敌草胺可湿性粉剂1500—2250克，兑水

450—600升，于播种覆土后，苗前喷雾土表。

第六节　蕹菜

蕹菜主要病害有猝倒病、白锈病、褐斑病、炭疽病、轮斑病等，主要虫害有卷叶虫、红蜘蛛、蜗牛、蛞蝓等危害。

一、综合预防措施

1. 农业措施：与非旋花科蔬菜进行2—3年轮作；加强田间管理，避免低温高湿条件，不要在阴雨天浇水；注意田间排涝，疏株通风。

2. 土壤消毒：用30%噁霉灵水剂1000倍液泼浇种植层。

3. 种子消毒：用35%甲霜灵种子处理干粉剂拌种，用量为种子量的0.3%，预防白锈病、褐斑病有特效。

二、幼苗期—藤叶生长期防治措施

1. 猝倒病：选用68%精甲霜灵·锰锌水分散粒剂700倍液、72.2%霜霉威盐酸盐水剂600倍液、30%噁霉灵水剂1300倍液或75%百菌清可湿性粉剂600倍液喷雾。

2. 白锈病：选用50%烯酰吗啉可湿性粉剂500倍液、70%丙森锌可湿性粉剂600倍液、25%嘧菌酯悬浮剂2000倍液或80%三乙膦酸铝可湿性粉剂500—600倍液浇灌。

3. 褐斑病：选用75%百菌清可湿性粉剂600倍液、70%甲基硫菌灵可湿性粉剂1000倍液、50%异菌脲可湿性粉剂1500倍液、43%戊唑醇悬浮剂3000—4000倍液或10%苯醚甲环唑水分散粒剂1500倍液喷雾。

4. 轮斑病：选用波尔多液 1：0.5：（160—200）倍液、68% 精甲霜灵·锰锌水分散粒剂 600 倍液、75% 百菌清可湿性粉剂 600—700 倍液或 70% 丙森锌可湿性粉剂 150—220 倍液喷雾。

5. 炭疽病：选用 50% 福美双可湿性粉剂 600—800 倍液、46% 氢氧化铜水分散粒剂 1500 倍液、50% 氯溴异氰脲酸可湿性粉剂 1000 倍液或 80% 波尔多液可湿性粉剂 300—500 倍液喷雾。

6. 卷叶虫：选用 80% 敌敌畏乳油或 90% 敌百虫晶体 1000 倍液或 5% 氯虫苯甲酰胺悬浮剂 2500 倍液喷雾。

7. 红蜘蛛：选用 43% 联苯肼酯悬浮剂 2000—3000 倍液或 1.5% 除虫菊素水乳剂 500 倍液喷雾。

8. 蜗牛、蛞蝓：每公顷撒施 6% 四聚乙醛颗粒剂 22.5 公斤，或用 30% 茶皂素水剂 300—400 倍液浇灌。

三、杂草防除

于催芽播种覆土（要盖密）后并浇完水，每公顷用 60% 丁草胺乳油 1350 毫升，兑水 600 升，喷雾封闭土表。

第七节　落葵

落葵主要病害有立枯病、褐斑病（鱼眼病）、灰霉病、花叶病等，主要虫害蚜虫、红蜘蛛等危害。

一、综合预防措施

1. 农业措施：及时彻底清除田间、田埂、渠边杂草，及时拔除病叶，以减少病源、虫源。

2. 诱杀害虫：黄板诱杀有翅蚜。

二、幼苗期—嫩梢期—侧芽成梢期—引蔓攀缘期防治

措施

1. 立枯病：选用 50% 多菌灵可湿性粉剂（按种子量的 0.07%）或 68% 精甲霜灵·锰锌水分散粒剂（按种子量 0.2%）拌种，苗期用 10 亿芽孢/克枯草芽孢杆菌可湿性粉剂 100—300 倍液浇灌。

2. 褐斑病：选用 70% 甲基硫菌灵可湿性粉剂 800—1000 倍液、25% 嘧菌酯悬浮剂 1500 倍液或 50% 烯酰吗啉可湿性粉剂 1000—1200 倍液喷雾。

3. 灰霉病：选用 2 亿孢子/克木霉菌可湿性粉剂 300 倍液、50% 腐霉利可湿性粉剂 1000—1500 倍液或 20% 噻菌铜悬浮剂 400—500 倍液喷雾。

4. 花叶病：及时杀灭蚜虫是防治花叶病的关键，可用 20% 啶虫脒可溶粉剂 3500—4000 倍液喷雾治蚜虫，发病时可选用 2% 氨基寡糖素水剂 500—800 倍液或 20% 吗胍·乙酸铜可湿性粉剂 500—700 倍液喷雾。

5. 蚜虫：选用 1.5% 除虫菊素水乳剂 400—500 倍液、35% 吡虫啉悬浮剂 5000—6000 倍液、0.3% 苦参碱水剂 300—400 倍液或 2.5% 鱼藤酮乳油 800—1000 倍液喷雾。

6. 红蜘蛛：选用 43% 联苯肼酯悬浮剂 2000—3000 倍液、5.7% 甲氨基阿维菌素苯甲酸盐微乳剂 6000—8000 倍液或 22.4% 螺虫乙酯悬浮剂 2500—3000 倍液喷雾。

三、杂草防除

落葵为直播栽培，于播后覆土并浇水后，芽前每公顷用 50% 扑草净可湿性粉剂 750—1500 克，兑水 750 升；或用 60% 丁草胺乳油 1350—1500 毫升，兑水 450—600 升。药液均匀喷雾土表，可防除一年生禾本科和莎草科杂草。

第八节　苋菜

苋菜主要病害有猝倒病、立枯病、白锈病、黑斑病、炭疽病、褐斑病、病毒病、根结线虫病、斑点病等，主要虫害有蚜虫、斑潜蝇、甜菜夜蛾、白粉虱等危害。

一、综合预防措施

1. 农业措施：实施轮作，清洁田园，施肥以有机肥为主。

2. 种植地应选择壤土或沙壤土，避免黏重土栽种；防止大水漫灌，高温干旱季节应覆盖遮阳网降温。

3. 土壤消毒：①选用 35% 甲霜灵种子处理干粉剂 +80% 代森锰锌可湿性粉剂按 9∶1 比例配制混剂，每平方米 8 克掺适量细土拌匀，用 1/3 铺底，2/3 盖种（盖种前淋足底水），可预防猝倒病和立枯病。② 72% 霜脲氰·锰锌可湿性粉剂或 50% 烯酰吗啉可湿性粉剂 8 克 / 米^{2}拌细土 1 公斤均匀施入床内，可预防白锈病。

3. 种子消毒：用 72% 霜脲氰·锰锌可湿性粉剂（用量为种子量的 0.3%）拌种，可预防白锈病。

4. 诱杀技术：用黄板诱杀有翅蚜、粉虱、斑潜蝇，灯光诱杀甜菜夜蛾等，可明显降低虫口。

二、幼苗—营养生长期防治措施

1. 猝倒病、立枯病：用72.2%霜霉威盐酸盐水剂800倍液+50%福美双可湿性粉剂800倍液，喷淋2—3次（每隔7—10天喷1次）。

2. 白锈病：选用80%代森锰锌可湿性粉剂1000倍液、68%精甲霜灵·锰锌水分散粒剂800倍液或72%霜脲氰·锰锌可湿性粉剂600—800倍液喷雾。

3. 黑斑病：选用75%百菌清可湿性粉剂600倍液、80%代森锰锌可湿性粉剂800倍液或47%春雷·王铜可湿性粉剂800倍液喷雾。

4. 炭疽病：选用70%甲基硫菌灵可湿性粉剂1000倍液、80%福·福锌可湿性粉剂800倍液、45%咪鲜胺可湿性粉剂1700倍液或75%百菌清可湿性粉剂1000倍液喷雾。

5. 褐斑病：选用75%百菌清可湿性粉剂500—600倍液、50%异菌脲可湿性粉剂1000—1500倍液或80%福·福锌可湿性粉剂700—800倍液喷雾。

6. 斑点病：可用70%甲基硫菌灵可湿性粉剂800倍液喷雾。

7. 病毒病：在注意防治蚜虫的基础上，选用高锰酸钾600—1000倍液、20%吗胍·乙酸铜可湿性粉剂500—700倍液、6%烷醇·硫酸铜可湿性粉剂500—700倍液或2%氨基寡糖素水剂500—800倍液喷雾。

8. 根结线虫病：选用41.7%氟吡菌酰胺悬浮剂1000—1500倍液或5.7%甲氨基阿维菌素苯甲酸盐微乳剂6000—8000倍液浇灌。

9. 蚜虫、白粉虱：选用20%啶虫脒可溶粉剂3500—4000倍液、22.4% 螺虫乙酯悬浮剂 2500—3000 倍液、35% 吡虫啉悬浮剂 4000—5000 倍液或 0.3% 苦参碱水剂 300—400 倍液喷雾。

10. 斑潜蝇：可用 75% 灭蝇胺可湿性粉剂 4500—6000 倍液（于露水干后施用）喷雾。

11. 甜菜夜蛾：选用 5% 氟啶脲乳油 1000—1200 倍液、5.7% 甲氨基阿维菌素苯甲酸盐微乳剂 6000 倍液或 20 亿 PIB/ 克甘蓝夜蛾核型多角体病毒悬浮剂 750 倍液喷雾。

三、杂草防除

于播后芽前（有盖种的）每公顷用 33% 二甲戊乐灵乳油 1350—1950 毫升（沙质土用低剂量），兑水 750 升，封闭土表，可防治一年生叶杂草。

第九节　油麦菜

油麦菜的主要病害有菌核病、褐斑病、霜霉病、灰霉病、白粉病、根结线虫病等，主要虫害有蚜虫、潜叶蝇、莴苣指管蚜、蓟马、红蜘蛛、菜青虫、灯蛾、小地老虎等危害。

一、综合预防措施

1. 土壤消毒：① 50% 福美双可湿性粉剂或 50% 多菌灵可湿性粉剂 15 公斤 / 公顷拌细土撒施，可预防土传病害；② 41.7% 氟吡菌酰胺悬浮剂 1000—1500 倍液浇灌，可杀灭根结线虫。

2. 农业措施：①实施轮作与深耕，增施磷肥与钾肥，增强抗病力；②因油麦菜根系分布较浅，可以合理控水、深锄以利蹲苗，促进根系生长，利于植株生长。

3.诱杀措施：蓝板诱杀蓟马，灯光诱杀灯蛾类、小地老虎等。

二、幼苗—定植—营养生长期防治措施

1.菌核病、灰霉病：选用 50% 异菌脲可湿性粉剂 1000 倍液、45% 咪鲜胺乳油 1000 倍液、40% 嘧霉胺可湿性粉剂 1500—2000 倍液或 50% 腐霉利可湿性粉剂 1000—1300 倍液喷雾。

2.褐斑病：选用 75% 百菌清可湿性粉剂 1000 倍液、70% 甲基硫菌灵可湿性粉剂 1000 倍液、50% 异菌脲可湿性粉剂 1500 倍液或 25% 嘧菌酯悬浮剂 2000 倍液喷雾（严重时灌根）。

3.霜霉病：选用 69% 烯酰·锰锌可湿性粉剂 800 倍液、80% 三乙膦酸铝可湿性粉剂 600—800 倍液、50% 烯酰吗啉可湿性粉剂 1000—1200 倍液或 68% 精甲霜灵·锰锌水分散粒剂 800 倍液喷雾。

4.白粉病：选用 12.5% 腈菌唑乳油 1200 倍液、50% 醚菌酯水分散粒剂 3000—4000 倍液或 80% 硫磺水分散粒剂 500—600 倍液喷雾。

5.根结线虫：可用 41.7% 氟吡菌酰胺悬浮剂 1000—1500 倍液浇灌。

6.莴苣指管蚜：选用 2.5% 氯氟氰菊酯乳油 3000 倍液、25% 噻虫嗪水分散粒剂 5000—6000 倍液、0.3% 苦参碱水剂 300—400 倍液或 35% 吡虫啉悬浮剂 4000—5000 倍液喷雾。

7.潜叶蝇：选用 5.7% 甲氨基阿维菌素苯甲酸盐微乳剂 6000—8000 倍液、75% 灭蝇胺可湿性粉剂 5000—6000 倍液或 0.3% 印楝素乳油 500—600 倍液喷雾。

8.蓟马：选用 0.3% 苦参碱水剂 300 倍液或 25% 噻虫嗪水分

散粒剂 3500—4000 倍液喷雾。

9. 红蜘蛛：选用 0.3% 印楝素乳油 300 倍液或 43% 联苯肼酯悬浮剂 2000—3000 倍液喷雾。

10. 菜青虫：选用 1.6 万国际单位/毫克苏云金杆菌可湿性粉剂 1500 倍液、6% 乙基多杀菌素悬浮剂 1500—2000 倍液、24% 甲氧虫酰肼悬浮剂 2500—3000 倍液或 5% 氯虫苯甲酰胺悬浮剂 1000 倍液喷雾。

11. 灯蛾类：选用 2.5% 氯氟氰菊酯乳油 5000 倍液或 90% 敌百虫晶体 1000 倍液喷雾。

12. 小地老虎：可用糖醋液（糖：醋：白酒：水：敌百虫 = 6：3：1：10：1）诱杀成虫；幼虫可用 5.7% 甲氨基阿维菌素盐苯甲酸盐微乳剂 6000—8000 倍液或 5.7% 氟氯氰菊酯乳油 700—1000 倍液喷雾。

三、杂草防除

1. 播后苗前：每公顷用 33% 二甲戊灵乳油 1500 毫升或 48% 仲丁灵乳油 2250—3000 毫升，兑水 750 升，均匀喷雾封闭土表。

2. 生长期防除杂草：在一年生禾本科杂草 2—3 叶期，每公顷用 5% 精喹禾灵乳油 750—1050 毫升或 10.8% 高效氟吡甲禾灵乳油 375—450 毫升，兑水 750 升喷雾。

第十节　生菜（结球生菜）

生菜主要病害有猝倒病、立枯病、病毒病、霜霉病、灰霉病、菌核病、炭疽病、叶霉病、软腐病，主要虫害有棉铃虫、斜纹夜蛾、甜菜夜蛾、蚜虫、黄曲条跳甲、斑潜蝇、蛞蝓和地下害虫等危害。

一、播种前预防措施

1. 种子处理：① 55—60℃热水浸种 10 分钟（防病毒）；② 10% 磷酸三钠 1∶10 的 50℃热水浸种 20 分钟（防病毒）；③ 2.5% 咯菌腈悬浮种衣剂 1 份 + 水 15 份 + 500 份种子拌匀；④ 按每 100 克种子与 0.2 克的 68% 精甲霜灵·锰锌水分散粒剂的比例取药拌种。

2. 育苗场所消毒：前茬需选种植非菊科蔬菜地，整畦压平后选用 50% 福美双可湿性粉剂 8—10 克 / 米²，浇洒后盖膜（用育苗架的无需盖膜）待用。凡大棚育苗场所，应同时进行空间消毒，用硫磺 4 克 + 锯末 10 克 / 米³ 混匀，分置 3—5 个容器内燃烧，于晚上 7 时左右进行，且密闭 24 小时以上。

3. 穴盘基质消毒：混配好的基质，用 50% 多菌灵可湿性粉剂（取基质重量的 0.2%）拌土消毒。

二、苗期病虫害防治措施

1. 猝倒病：选用 72.2% 霜霉威盐酸盐水剂 500—600 倍液、68% 精甲霜灵·锰锌水分散粒剂 800 倍液、75% 百菌清可湿性粉剂 600 倍液或 10 亿芽孢 / 克枯草芽孢杆菌可湿性粉剂 100—300 倍液灌根。

2. 立枯病：选用 30% 噁霉灵水剂 1000—1300 倍液、5% 井冈霉素水剂 1500 倍液或 10 亿芽孢 / 克枯草芽孢杆菌可湿性粉剂 100—300 倍液灌根。

3. 霜霉病：选用 80% 三乙膦酸铝可湿性粉剂 600—800 倍液、50% 烯酰吗啉可湿性粉剂 1000—1200 倍液、70% 丙森锌可湿性粉剂 500—700 倍液或 68% 精甲霜灵·锰锌水分散粒剂 800 倍液喷雾。

4. 蚜虫：在使用黄板诱杀的同时，选用 35% 吡虫啉悬浮剂 5000—6000 倍液、25% 噻虫嗪水分散粒剂 2500—3000 倍液或 5.7% 氟氯氰菊酯乳油 1700—2000 倍液喷雾。

5. 黄曲条跳甲：选用 4.5% 高效氯氰菊酯乳油 800—1000 倍液、25% 噻虫嗪水分散粒剂 2500—3000 倍液或 2.5% 鱼藤酮乳油 500 倍液喷雾；或用 1% 联苯·噻虫胺颗粒剂 45—60 公斤/公顷撒施。

特别提示：应选用喷雾与浇灌双管齐下的方法，才能有效控制危害。

6. 送嫁药：移苗前 3 天喷施 0.1%—0.2% 磷酸二氢钾 +50% 烯酰吗啉可湿性粉剂 1000 倍液喷雾。

三、定植前后预防措施

1. 土壤消毒：忌选前茬种植菊科植物的菜地；在前茬采收后，清除残株翻耕后，每公顷均匀撒施碳酸氢铵 1125 公斤，用薄膜密封 3—5 天（晴），揭膜后整畦定植。

2. 化学除草：整畦后定植前，每公顷用 33% 二甲戊灵乳油 1500 毫升，兑水 750 升，均匀喷洒，用药后 24 小时栽入。移栽后如杂草危害严重，应在一年生禾本科杂草生长 2—3 叶期，每公顷用 6.9% 精噁唑禾草灵乳油 600—750 毫升，兑水 750 升，茎叶针对性喷雾。

3. 定植水：可用 50% 多菌灵可湿性粉剂 800 倍液 +40% 辛硫磷乳油 1200 倍液浇灌。

四、定植—营养生长期（包心期）病虫害防治措施

1. 霜霉病：前期的防治方法同苗期，后期可用 10% 氰霜唑悬浮剂 2000—2500 倍液喷雾。

2. 灰霉病、菌核病：选用 40% 嘧霉胺悬浮剂 1500—2000 倍液、50% 异菌脲可湿性粉剂 1000—1500 倍液、50% 腐霉利可湿性粉剂 800—1500 倍液或 65% 甲基硫菌灵 + 乙霉威可湿性粉剂 600—800 倍液喷雾。

3. 炭疽病：选用 50% 克菌丹可湿性粉剂 500—600 倍液、70% 甲基硫菌灵可湿性粉剂 800 倍液或 5% 大黄素甲醚水剂 750—1000 倍液喷雾。

4. 叶霉病：选用 70% 丙森锌可湿性粉剂 500—700 倍液、50% 腐霉利 800—1000 倍液、70% 甲基硫菌灵可湿性粉剂 800—1000 倍液或 47% 春雷·王铜可湿性粉剂 600 倍液喷雾。

5. 软腐病：选用 2% 春雷霉素水剂 600—800 倍液、47% 春雷·王铜可湿性粉剂 600—800 倍液、46% 氢氧化铜水分散粒剂 1000 倍液、77% 硫酸铜钙可湿性粉剂 800—1000 倍液或 3% 中生菌素可湿性粉剂 500 倍液喷雾。

6. 病毒病：选用 0.01% 芸苔素内酯水剂 3000—4000 倍液、2% 氨基寡糖素水剂 500—800 倍液、20% 吗胍·乙酸铜可湿性粉剂 500—700 倍液或 0.003% 丙酰芸苔素内酯水剂 3000 倍液喷雾。

7. 甜菜夜蛾、斜纹夜蛾、棉铃虫：选用 24% 甲氧虫酰肼悬浮剂 2000—2500 倍液、0.3% 苦参碱水剂 300 倍液、5.7% 氟氯氰菊酯乳油 2500—3000 倍液、2.5% 氯氟氰菊酯乳油 1000—1500 倍液、100 亿孢子 / 毫升短稳杆菌悬浮剂 750 倍液或 5% 氯虫苯甲酰胺悬

浮剂 1500 倍液喷雾。

8. 蚜虫：防治方法同苗期。

9. 黄曲条跳甲：防治方法同苗期。

10. 斑潜蝇：在使用黄板和灯光诱杀的同时，选用 75% 灭蝇胺可湿性粉剂 4500—6000 倍液、5.7% 甲氨基阿维菌素苯甲酸盐微乳剂 6000—8000 倍液喷雾。

11. 蛞蝓：可用 96% 硫酸铜晶体 1000 倍液喷雾（傍晚施用），或用茶籽饼 225 公斤 / 公顷撒施种植层，还可用 30% 茶皂素水剂 300—400 倍液喷雾。

12. 地下害虫：在使用灯光诱杀成虫的同时，选用 0.3% 苦参碱水剂 300—400 倍液、40% 辛硫磷乳油 1200 倍液或 50% 二嗪磷乳油 1200 倍液浇灌。

五、采收前综合预防措施

生菜主要病虫害多于生长中后期发生为害，所以采收前实施一次综合预防措施十分重要。应根据测报灯下害虫种类和数量、气候条件，预测可能发生的病虫害种类，结合产品安全生产标准，选用不同药剂联合混用预防一次，以免收获时措手不及。

六、采收期病虫害防治措施

1. 霜霉病：可用 10% 氰霜唑悬浮剂 2000—2500 倍液喷雾。

2. 软腐病：选用 46% 氢氧化铜水分散粒剂 1000 倍液或 2% 春雷霉素水剂 600—800 倍液喷雾。

3. 斜纹夜蛾、甜菜夜蛾：选用 0.3% 苦参碱水剂 300 倍液或 5% 氯虫苯甲酰胺悬浮剂 1500 倍液喷雾。

第六章　豆类蔬菜病虫草害防治

第一节　菜豆、青刀豆

菜豆和青刀豆主要病害有立枯病、根腐病、枯萎病、青枯病、细菌性角斑病、细菌性疫病、病毒病、炭疽病、锈病、灰霉病、菌核病、白绢病等，主要虫害有蚜虫、斑潜蝇、豆秆蝇、豆荚螟、豆野螟、蓟马、红蜘蛛和铜绿金龟子等危害。

一、播种前后预防措施

1.种子处理：① 40% 福尔马林 300 倍液浸种 20 分钟；② 45℃温水浸种 15 分钟；③用种子量的 0.2% 的 2.5% 咯菌腈悬浮种衣剂 + 种子量 3% 的水，拌种后即可播种。选择上述方法中的一种。

2.农业措施：选前茬非豆科蔬菜地种植，翻耕后用碳酸氢铵消毒（方法同前甜豌豆）。

3.消毒处理：如秋冬季需在大棚内种植，棚内土壤可利用太阳能消毒，即在前茬收后，清除残株，翻耕，施有机肥，整畦后用透明膜覆盖 15—20 天，在阳光照射下，经棚膜和地膜双重保温，土壤温度可达 50℃以上，可杀死土壤中病菌和地下害虫。冬季和早春大棚栽培，每公顷用 10% 腐霉利烟剂 200—250 克，密闭大棚熏烟消毒。

4.化学除草：在播后芽前，每公顷施 96% 精异丙甲草胺乳油

1050 毫升，兑水 750 升，喷雾封闭土表。

二、苗期病虫害防治措施

1. 立枯病：选用 30% 噁霉灵水剂 1000—1300 倍液或 10 亿芽孢／克枯草芽孢杆菌可湿性粉剂 100—300 倍液灌根。

2. 根腐病：选用高锰酸钾 800—1000 倍液（随配随用）或 10 亿芽孢／克枯草芽孢杆菌可湿性粉剂 100—300 倍液浇灌。

3. 防枯萎病和豆秆蝇：可于豆苗 2 叶期淋浇 30% 噁霉灵水剂 1000—1300 倍液 +2.5% 氯氟氰菊酯乳油 2000 倍液（或 40% 辛硫磷乳油 1000 倍液）。

三、抽蔓—开花结荚期病虫害防治措施

1. 枯萎病：选用 2% 氨基寡糖素水剂 600—800 倍液或 30% 噁霉灵水剂 1000—1300 倍液灌根。

2. 细菌性疫病、角斑病：选用 46% 氢氧化铜水分散粒剂 800—1000 倍液、2% 春雷霉素水剂 800—1000 倍液、3% 中生菌素可湿性粉剂 600—800 倍液或 25% 吡唑醚菌酯乳油 2500 倍液（角斑病有特效）喷雾。

3. 病毒病：选用 20% 吗胍·乙酸铜可湿性粉剂 500—700 倍液、0.01% 芸苔素内酯水剂 3000—4000 倍液、2% 氨基寡糖素水剂 500—800 倍液或 0.003% 丙酰芸苔素内酯水剂 3000 倍液喷雾。

4. 青枯病：可选用 46% 氢氧化铜水分散粒剂 800—1000 倍液、30% 噻唑锌悬浮剂 500—800 倍液、10 亿芽孢／克枯草芽孢杆菌可湿性粉剂 100—300 倍液或 3% 中生菌素可湿性粉剂 600—800 倍液浇灌。

5. 炭疽病：选用 50% 咪鲜胺锰盐可湿性粉剂 800—1000 倍

液、50% 醚菌酯水分散粒剂 3500—4000 倍液、25% 吡唑醚菌酯乳油 2500 倍液、70% 甲基硫菌灵可湿性粉剂 800 倍液或 50% 克菌丹可湿性粉剂 500—600 倍液喷雾。

6. 锈病：选用 10% 苯醚甲环唑水分散粒剂 1500 倍液、40% 腈菌唑可湿性粉剂 4000—6000 倍液、25% 吡唑醚菌酯乳油 2500—3000 倍液或 30% 戊唑醇悬浮剂 3000 倍液喷雾。

7. 灰霉病、菌核病：选用 40% 嘧霉胺悬浮剂 1500—2000 倍液、50% 异菌脲可湿性粉剂 1000—1500 倍液、50% 腐霉利可湿性粉剂 800—1500 倍液或 50% 啶酰菌胺水分散粒剂 1000 倍液喷雾。

8. 白绢病：选用 68% 精甲霜灵·锰锌水分散粒剂 600—800 倍液或 3% 井冈霉素水剂 300 倍液喷雾。

9. 豆荚螟、豆野螟：除在花蕾期开始灯光诱杀外，可选用 100 亿孢子 / 毫升短稳杆菌悬浮剂 750 倍液、1.6 万国际单位 / 毫克苏云金杆菌可湿性粉剂 1500 倍液（气温 25℃ 以下不宜用）、15% 茚虫威悬浮剂 2000—3000 倍液、24% 甲氧虫酰肼悬浮剂 2000—3000 倍液或 5% 氟啶脲乳油 2000—3000 倍液喷雾。

10. 斑潜蝇：在使用黄板和灯光诱杀的同时，选用 5.7% 甲氨基阿维菌素苯甲酸盐微乳剂 6000—8000 倍液、0.3% 印楝素乳油 500—600 倍液或 75% 灭蝇胺可湿性粉剂 4500—6000 倍液喷雾。

11. 豆秆黑潜蝇：选 2.5% 氯氟氰菊酯乳油 2000—3000 倍液、25% 噻虫嗪水分散粒剂 2000—3000 倍液或 5.7% 甲氨基阿维菌素苯甲酸盐微乳剂 6000—8000 倍液喷雾。

12. 蚜虫：选用 35% 吡虫啉悬浮剂 5000—6000 倍液、0.3% 苦参碱水剂 300—400 倍液或 25% 噻虫嗪水分散粒剂 5000—6000 倍液喷雾，结合黄板诱杀。

13. 蓟马：选用 20% 啶虫脒可溶粉剂 5000—6000 倍液或 0.3% 苦参碱水剂 300—400 倍液喷雾，结合使用蓝板诱杀。

14. 红蜘蛛：选用 0.3% 印楝素乳油 300 倍液或 43% 联苯肼酯悬浮剂 2000—3000 倍液喷雾。

15. 铜绿金龟子：灯光诱杀成虫为首选，沟施 3% 辛硫磷颗粒剂 60—75 公斤 / 公顷，以杀死幼虫，成虫危害期可选用 90% 敌百虫晶体 1500 倍液喷雾（傍晚施用）。

四、采收前预防措施

采摘前最后 1 次预防性用药，是确保产品质量与安全的重要环节，应根据气候条件，测报灯下害虫种类和田间监测结果，预计病虫可能发生种类，严格选用相对安全的配方，实施联合预防性施药，以确保采摘前农残"法检"达标。

菜豆采收期时间较长，主要病虫害有炭疽病、细菌性疫病、锈病、灰霉病、白绢病、细菌性角斑病和豆野螟、豆荚螟、蚜虫、红蜘蛛、铜绿金龟子、斑潜蝇等，必须边采收边防治。为了确保产品安全，应根据采摘间隔期选用安全间隔期相适宜的农药品种。

1. 疫病、锈病、角斑病：可用 25% 吡唑醚菌酯乳油 2500 倍液喷雾。

2. 白绢病：可用 3% 井冈霉素水剂 300 倍液喷雾。

3. 炭疽病：选用 25% 嘧菌酯悬浮剂 1500—2000 倍液或 50% 醚菌酯水分散粒剂 3500—4000 倍液喷雾。

4. 蓟马、蚜虫：选用 25% 噻虫嗪水分散粒剂 3500—4000 倍液或 0.3% 苦参碱水剂 300—400 倍液喷雾。

5. 豆荚螟、豆野螟：选用 1.6 万国际单位 / 毫克苏云金杆菌可湿性粉剂 1500 倍液、100 亿孢子 / 毫升短稳杆菌悬浮剂 750 倍液或 15% 茚虫威悬浮剂 2000－3000 倍液喷雾。

第二节　毛豆

毛豆主要病害有猝倒病、立枯病、根腐病、疫病、霜霉病、白粉病、炭疽病、枯萎病、褐斑病、锈病、病毒病等，主要虫害有小地老虎、斜纹夜蛾、白粉虱、豆蚜、豆荚螟、豆野螟、豆卷叶螟、叶螨、稻绿蝽和蝼蛄等危害。

一、播种前后预防措施

1. 种子消毒：用种子量 0.2% 的 2.5% 咯菌腈悬浮种衣剂＋种子量 3% 的水，拌种后即可播种。此法可有效控制猝倒病、根腐病和枯萎病。

2. 土壤消毒：前茬采后翻耕，每公顷施碳酸氢铵 1125 公斤，土壤干燥应浇水后覆盖塑料薄膜，密封 3—5 天（晴）或 7 天（阴）后，整地播种。此法可有效杀灭地下害虫、土传真菌性病原体和杂草种子。

3. 化学除草：春毛豆于播种后、芽前 3—4 天，秋毛豆于播种后、芽前 2—3 天，可用下列药剂封闭土表。每公顷用 96% 精异丙甲草胺乳油 1050 毫升（春播）或 900 毫升（秋播），兑水 750 升，喷雾封闭土表；也可每公顷选用 33% 二甲戊灵乳油 2250 毫升（沙质土壤禁用）或 90% 乙草胺乳油 675 毫升（可能积水地禁用），兑水 750 升，喷雾封闭土表。

二、苗期综合防治措施

1. 诱杀成虫：在毛豆子叶展开后，可设置斜纹夜蛾性诱；每约 3 公顷设频振式杀虫灯 1 盏，以诱杀斜纹夜蛾、甜菜夜蛾和小地老虎成虫等趋光性害虫。上述方法可获得双管齐下的减少虫源效果。

2. 药剂防病虫：联合预防猝倒病、根腐病、炭疽病、枯萎病以及小地老虎幼虫等，可选用 50% 二嗪磷乳油 1200 倍液 +72.2% 霜霉威盐酸盐水剂 1000 倍液或 0.3% 苦参碱水剂 300 倍液 +72.2% 霜霉威盐酸盐水剂 1000 倍液喷雾。

3. 杂草防除：如毛豆播后、芽前，因气候、劳力问题错过施药期，或播后芽前化学除草效果欠佳，可采用如下补救措施。于毛豆苗后、禾本科杂草 3—4 叶期，每公顷用 15% 精吡氟禾草灵乳油 600—750 毫升，兑水 750 升，进行针对性茎叶喷雾。

三、分枝—开花结荚期病虫害防治措施

1. 疫病：选用 70% 丙森锌可湿性粉剂 600—800 倍液、72.2% 霜脲·锰锌可湿性粉剂 600—800 倍液、25% 嘧菌酯悬浮剂 1500—2000 倍液、77% 硫酸铜钙可湿性粉剂 800—1000 倍液或 68.75% 氟吡菌胺·霜霉威悬浮剂 1500 倍液喷雾。

2. 霜霉病：选用 50% 烯酰吗啉可湿性粉剂 1000—1200 倍液、68% 精甲霜灵·锰锌水分散粒剂 800 倍液、80% 三乙膦酸铝可湿性粉剂 800 倍液或 25% 嘧菌酯悬浮剂 1000—1200 倍液喷雾。

3. 白粉病：选用 40% 腈菌唑可湿性粉剂 6000—8000 倍液、80% 硫磺水分散粒剂 400—600 倍液、43% 戊唑醇悬浮剂 2500—3000 倍液或 29% 吡唑萘菌胺·嘧菌酯悬浮剂 1500 倍液喷雾。

4. 褐斑病、炭疽病：于始花期，选用 75% 百菌清可湿性粉剂 600 倍液、70% 甲基硫菌灵可湿性粉剂 700 倍液、64% 噁霜·锰锌可湿

湿性粉剂 500 倍液或 65% 甲基硫菌灵·乙霉威可湿性粉剂 600—800 倍液喷雾。

5. 病毒病：选用 0.01% 芸苔素内酯水剂 3000—4000 倍液、0.003% 丙酰芸苔素内酯水剂 3000 倍液或 20% 吗胍·乙酸铜可湿性粉剂 800—1000 倍液喷雾。

6. 锈病：选用 43% 戊唑醇悬浮剂 2500—3500 倍液、40% 腈菌唑可湿性粉剂 6000—8000 倍液或 10% 苯醚甲环唑水分散粒剂 1500 倍液喷雾。

7. 根腐病：选用 30% 噁霉灵水剂 1000 倍液或 70% 甲基硫菌灵可湿性粉剂 500 倍液浇灌。

8. 枯萎病：选用 30% 噁霉灵水剂 2500 倍液或 10 亿芽孢／克枯草芽孢杆菌可湿性粉剂 100—300 倍液灌根。

9. 小地老虎、蝼蛄：在使用灯光诱杀成虫的同时，选用 0.3% 苦参碱水剂 300 倍液或 5.7% 氟氯氰菊酯乳油 700—1000 倍液浇灌。

10. 白粉虱：在使用黄板诱杀的同时，选用 25% 噻虫嗪水分散粒剂 2500—3000 倍液、22.4% 螺虫乙酯悬浮剂 2000—2500 倍液或 20% 啶虫脒可溶粉剂 3500—4000 倍液（结荚后禁用）喷雾。

11. 豆野螟、豆荚螟、豆卷叶螟：在选用频振式杀虫灯诱杀的同时，于开花初期开始，隔 7 天连续选用下列药剂交替施用 2—3 次，施药时间应在早、晚时段。① 5.7% 氟氯氰菊酯乳油 1000—1500 倍液；② 1.6 万国际单位／毫克苏云金杆菌可湿性粉剂 1500 倍液（气温 25℃以下禁用）；③ 24% 甲氧虫酰肼悬浮剂 2000—3000 倍液；④ 5% 氟啶脲乳油 2000—3000 倍液；⑤ 100 亿孢子／毫升短稳杆菌悬浮剂 750 倍液。

特别提示：处方②、③、④药效较慢，应与 2.5% 溴氰菊酯乳油 4000 倍液混用。

12. 豆蚜、稻绿蝽：在使用黄板诱杀的同时，选用 10% 溴氰虫酰胺可分散油悬浮剂 3000 倍液、35% 吡虫啉悬浮剂 4500—5000 倍液或 25% 噻虫嗪水分散粒剂 5000—6000 倍液喷雾。

13. 斜纹夜蛾：在使用频振式杀虫灯诱杀的同时，选用 24% 甲氧虫酰肼悬浮剂 2500 倍液、15% 茚虫威悬浮剂 2000—2500 倍液或 200 亿 PIB/ 克斜纹夜蛾核型多角体病毒水分散粒剂 1000—1500 倍液喷雾。

14. 叶螨：选用 0.3% 印楝素乳油 300 倍液、5.7% 甲氨基阿维菌素苯甲酸盐微乳剂 6000—8000 倍液或 43% 联苯肼酯悬浮剂 2000—3000 倍液喷雾。

四、收获前联合预防措施

1. 豆蚜：选用 25% 噻虫嗪水分散粒剂 5000—6000 倍液或 1.5% 除虫菊素水乳剂 500 倍液喷雾。

2. 豆野螟、豆荚螟：选用 5.7% 氟氯氰菊酯乳油 1000—1500 倍液或 2.5% 溴氰菊酯乳油 4000 倍液 +1.6 万国际单位 / 毫克苏云金杆菌可湿性粉剂 1500 倍液喷雾。

3. 白粉虱：可用 22.4% 螺虫乙酯悬浮剂 2000—2500 倍液喷雾。

4. 叶螨：可用 0.3% 印楝素乳油 300 倍液喷雾。

5. 锈病：可用 40% 腈菌唑可湿性粉剂 4000—5000 倍液喷雾。

6. 白粉病：选用 29% 吡唑萘菌胺·嘧菌酯悬浮剂 1500 倍液或 25% 嘧菌酯悬浮剂 1500 倍液喷雾。

7.炭疽病：阴雨天气应特别注意预防豆荚发病。选用50%咪鲜胺锰盐可湿性粉剂1500倍液或65%甲基硫菌灵·乙霉威可湿性粉剂600—800倍液喷雾。

8.褐斑病：可用25%吡唑醚菌酯乳油2500—3000倍液喷雾。

9.疫病：选用46%氢氧化铜水分散粒剂1000—1300倍液、52.5%噁酮·霜脲氰水分散粒剂1500—2000倍液、25%嘧菌酯悬浮剂1500—2000倍液或68.75%氟吡菌胺·霜霉威悬浮剂750—1000倍液喷雾。

上述病虫害能直接影响果荚的商品价值，应根据气候条件和病虫发生规律，采用联合（混配）防治措施为最佳的选择。

特别提示：注意控制农药安全间隔期，混用品种中以最长为依据。

第三节　甜豌豆、荷兰豆

甜豌豆和荷兰豆主要病害有根腐病、褐斑病、白粉病、灰霉病、黄顶病（病毒病）等，主要虫害有豆黑秆蝇、花蓟马、粉虱、彩潜蝇、蚜虫、豌豆象、豆荚螟、斜纹夜蛾、棉铃虫和各类地下害虫等危害。

一、苗前预防措施

1.种子消毒：用种子量0.2%的2.5%咯菌腈悬浮种衣剂＋种子量3%的水，搅匀拌种；或用种子量0.2%的75%百菌清可湿性粉剂拌种。上述方法可有效防治根腐病、褐斑病。

2.土壤消毒：前茬收获后翻耕，每公顷施碳酸氢铵1125公斤，土壤干燥应浇水后覆盖塑薄膜，密封3—5天（晴）或7天

（阴）后，整地播种。此法可有效杀灭地下害虫和土传真菌性病原体与杂草种子。

3. 化学除草：在甜豌豆、荷兰豆播种后出芽前，每公顷选用96% 精异丙甲草胺乳油 1275 毫升（沙壤土），兑水 900 升喷雾；或用该药 1125 毫升（黏土），兑水 750 升喷雾。

二、幼苗期防治措施

1. 联合防治病虫害：根据苗期病害和伴生害虫种类（特别注意豆黑秆蝇），选用下列混用配方交替施用（摘苗食用的禁用）。①用 50% 二嗪磷乳油 1200 倍液 +70% 甲基硫菌灵可湿性粉剂 1000 倍液喷雾；②用 40% 辛硫磷乳油 1000 倍液 +70% 甲基硫菌灵可湿性粉剂 1000 倍液喷雾。

2. 杂草防除：如甜豌豆、荷兰豆播后芽前，因气候、劳力问题错过施用除草剂或防除杂草未达预期效果的，于禾本科杂草生长 3—4 叶期采用茎叶处理剂补救措施，每公顷选用 15% 精吡氟禾草灵乳油 600—750 毫升，兑水 750 升。

三、抽蔓期—开花结荚期病虫害防治措施

1. 白粉病：选用 40% 腈菌唑可湿性粉剂 4000—4500 倍液、80% 硫磺水分散粒剂 400—600 倍液、50% 醚菌酯水分散粒剂 3500 倍液或 50% 啶酰菌胺水分散粒剂 2000—2500 倍液喷雾。

2. 灰霉病：选用 40% 嘧霉胺悬浮剂 1500—2000 倍液、50% 腐霉利可湿性粉剂 1000—1500 倍液、65% 甲基硫菌灵·乙霉威可湿性粉剂 1000—1200 倍液或 50% 异菌脲可湿性粉剂 1000—1200 倍液喷雾。

3. 褐斑病：选用 75% 百菌清可湿性粉剂 700 倍液、70% 丙森

锌可湿性粉剂 500—700 倍液或 80% 代森锰锌可湿性粉剂 800 倍液喷雾。

4. 黄顶病（病毒病）：选用 2% 氨基寡糖素水剂 500—800 倍液、0.01% 芸苔素内酯水剂 3000—4000 倍液或 1.5% 三十烷醇·硫酸铜·十二烷基硫酸钠水剂 800—1000 倍液喷雾。

5. 根腐病：选用 50% 克菌丹可湿性粉剂 600 倍液、15% 络氨铜水剂 300 倍液、30% 噁霉灵水剂 900 倍液或 46% 氢氧化铜水分散粒剂 1000—1500 倍液浇灌。

6. 豆秆黑潜蝇：选用 75% 灭蝇胺可湿性粉剂 5000 倍液或 1.8% 阿维菌素乳油 2000 倍液喷雾。

7. 粉虱：选用 22.4% 螺虫乙酯悬浮剂 2000—2500 倍液、25% 噻虫嗪水分散粒剂 2500—3000 倍液、20% 啶虫脒可溶粉剂 1500—2000 倍液或 99% 矿物油乳油 800—1000 倍液喷雾。

8. 彩潜蝇：选用 75% 灭蝇胺可湿性粉剂 4500—6000 倍液、5.7% 甲氨基阿维菌素苯甲酸盐微乳剂 6000—8000 倍液或 25% 噻虫嗪水分散粒剂 2000—3000 倍液喷雾。

9. 蚜虫、花蓟马：选用 35% 吡虫啉悬浮剂 5000—6000 倍液、25% 噻虫嗪水分散粒剂 5000—6000 倍液或 5.7% 氟氯氰菊酯乳油 1800 倍液喷雾。

10. 豌豆象：在盛花期喷施 4.5% 高效氯氰菊酯乳油 1000—1500 倍液，连续施用 2—3 次（早、晚施用）。

11. 豆荚螟：在开花初期开始应用黑光灯诱杀的同时，隔 7 天连续选用下列药剂交替施用 2—3 次（早、晚施用）。① 1.6 万国际单位 / 毫克苏云金杆菌可湿性粉剂 1500 倍液（气温低于 25℃ 不宜使用）或 100 亿孢子 / 毫升短稳杆菌悬浮剂 750 倍液；② 24%

甲氧虫酰肼悬浮剂 2000—3000 倍液；③ 2.5% 溴氰菊酯乳油 2500 倍液；④ 15% 茚虫威悬浮剂 3500 倍液；⑤ 5% 虱螨脲乳油 2000—2500 倍液。

12. 斜纹夜蛾：选用 0.3% 苦参碱水剂 300—400 倍液、5.7% 甲氨基阿维菌素苯甲酸盐微乳剂 6000—8000 倍液、200 亿 PIB/ 克斜纹夜蛾核型多角体病毒水分散粒剂 1000—1500 倍液喷雾。

13. 棉铃虫：选用 2.5% 联苯菊酯乳油 800—1000 倍液、5.7% 氟氯氰菊酯乳油 1200—1500 倍液、5% 氯虫苯甲酰胺悬浮剂 2000—3000 倍液或 10% 虫螨腈悬浮剂 1500—2000 倍液喷雾。

14. 地下害虫：选用 40% 辛硫磷乳油 800 倍液或 50% 二嗪磷乳油 1000—1200 倍液浇灌或用 0.3% 苦参碱水剂 300 倍液灌根。

15. 铜绿金龟子：成虫危害初见阶段，每 3 公顷设置 1 盏频振式杀虫灯诱杀效果良好。药剂防治其幼虫沟施 3% 辛硫磷颗粒剂 60—75 公斤 / 公顷，成虫用 90% 敌百虫晶体 1000 倍液喷雾。

特别提示：斜纹夜蛾、豆荚螟、棉铃虫、铜绿金龟子等趋光性害虫应重视用频振式杀虫灯诱杀成虫。

四、采收前10—14天预防措施

1. 蚜虫、白粉虱、花蓟马：可选用 25% 噻虫嗪水分散粒剂 3000—5000 倍液或 20% 啶虫脒可溶粉剂 3500—4000 倍液喷雾。

2. 彩潜蝇：选用 75% 灭蝇胺可湿性粉剂 4500—6000 倍液或 5.7% 甲氨基阿维菌素苯甲酸盐微乳剂 6000—8000 倍液喷雾。

3. 豆荚螟：可用 24% 甲氧虫酰肼悬浮剂 2000—3000 倍液喷雾。

4. 褐斑病：选用 75% 百菌清可湿性粉剂 700—800 倍液或

65% 甲基硫菌灵·乙霉威可湿性粉剂 800—1000 倍液喷雾。

5. 白粉病：选用 40% 腈菌唑可湿性粉剂 4000—4500 倍液或 0.5% 大黄素甲醚水剂 750—1000 倍液喷雾。

第四节　豇豆

豇豆主要病害有立枯病、猝倒病、枯萎病、根腐病、角斑病、病毒病、红斑病、白粉病、煤霉病、炭疽病、疫病、锈病等，主要虫害有豆野螟、豆荚螟、豆蚜、卷叶螟、豆天蛾、甜菜夜蛾等危害。

一、播种前后预防措施

1. 种子消毒：用种子量 0.2% 的 2.5% 咯菌腈悬浮种衣剂 + 种子量 3% 的水，拌种后即可供播种用。此法可有效控制猝倒病、根腐病和枯萎病。

2. 土壤消毒：前茬采收后翻耕，每公顷施碳酸氢铵 1125 公斤，土壤干燥应浇水后覆盖塑料薄膜，密封 3—5 天（晴）或 7 天（阴）后，整地播种。此法可有效杀灭地下害虫、土传真菌性病原体和杂草种子。

3. 化学除草：于播后、苗前每公顷用 48% 仲丁灵乳油 3000 毫升，兑水 750 升，喷雾封闭土表。此法可防除一年生禾本科杂草和一些阔叶草。

二、苗期病虫害防治措施

苗期病虫主要是立枯病、猝倒病、病毒病、炭疽病、白粉病和蚜虫，应于真叶出现时即采取预防措施。

1. 立枯病、猝倒病：选用 30% 噁霉灵水剂 1000—1300 倍液或 72.2% 霜霉威盐酸盐水剂 600 倍液灌根。

2. 病毒病：① 1.5% 三十烷醇·硫酸铜·十二烷基硫酸钠水剂 800 倍液。② 0.003% 丙酰芸苔素内酯水剂 3000 倍液喷雾。

3. 白粉病：可用 70% 甲基硫菌灵可湿性粉剂 1000 倍液喷雾。

4. 炭疽病：选用 70% 甲基硫菌灵可湿性粉剂 800 倍液或 50% 克菌丹可湿性粉剂 500—600 倍液喷雾。

5. 蚜虫：选用 35% 吡虫啉悬浮剂 5000—6000 倍液或 50% 二嗪磷乳油 1000 倍液喷雾。

三、抽蔓—开花结荚期病虫草害防治措施

1. 杂草：在豇豆苗期、禾本科一年生杂草 3—4 叶期，每公顷用 6.9% 精噁唑禾草灵乳油 750—900 毫升，兑水 750 升，针对杂草茎叶喷雾。

2. 病毒病：防治措施同苗期。

3. 枯萎病：用 75% 百菌清可湿性粉剂 800 倍液灌根。

4. 角斑病：选用 47% 春雷·王铜可湿性粉剂 600—800 倍液、50% 氯溴异氰尿酸可湿性粉剂 1000 倍液或 80% 代森锰锌可湿性粉剂 800 倍液喷雾。

5. 炭疽病：选用 80% 福·福锌可湿性粉剂 800 倍液、70% 甲基硫菌灵可湿性粉剂 800 倍液、50% 咪鲜胺锰盐可湿性粉剂 800—1000 倍液或 45% 咪鲜胺乳油 1000—1500 倍液喷雾。

6. 根腐病：选用高锰酸钾 800—1000 倍液或 30% 噁霉灵水剂 1000—1300 倍液浇灌。

7. 白粉病：选用 0.5% 大黄素甲醚水剂 750—1000 倍液、40% 腈菌唑可湿性粉剂 6000—8000 倍液、80% 硫磺水分散粒剂 400—

600 倍液或 50% 醚菌酯水分散粒剂 3500 倍液喷雾。

8. 疫病：选用 80% 三乙膦酸铝可湿性粉剂 400 倍液、77% 硫酸铜钙可湿性粉剂 800—1000 倍液或 47% 春雷·王铜可湿性粉剂 600—800 倍液喷雾。

9. 锈病：选用 40% 腈菌唑可湿性粉剂 6000—8000 倍液、10% 苯醚甲环唑水分散粒剂 1500 倍液或 43% 戊唑醇悬浮剂 3000 倍液喷雾。

10. 灰霉病：选用 40% 嘧霉胺悬浮剂 1500—2000 倍液、50% 腐霉利可湿性粉剂或 50% 异菌脲可湿性粉剂 1000—1500 倍液喷雾。

11. 煤霉病：选用 46% 氢氧化铜水分散粒剂 800—1000 倍液、77% 硫酸铜钙可湿性粉剂 800—1000 倍液、70% 甲基硫菌灵可湿性粉剂 800—1000 倍液或 15% 络氨铜水剂 300 倍液喷雾。

12. 红斑病：用 75% 百菌清可湿性粉剂：70% 甲基硫菌灵可湿性粉剂：水 =1：1：（1000—1500）倍液喷雾，也可选用 40% 腈菌唑可湿性粉剂 4000—4500 倍液或 50% 咪鲜胺锰盐可湿性粉剂 1000 倍液喷雾。

13. 豆野螟、豆荚螟：在选用频振式杀虫灯诱杀的同时，选用 1.6 万国际单位 / 毫克苏云金杆菌可湿性粉剂 1500 倍液（气温 25℃以上）+2.5% 溴氰菊酯乳油 4000 倍液、100 亿孢子 / 毫升短稳杆菌悬浮剂 750 倍液、5% 氟啶脲乳油 2000—3000 倍液、2.5% 氯氟氰菊酯乳油 2000—4000 倍液或 5.7% 氟氯氰菊酯乳油 1000—1500 倍液喷雾。

14. 豆蚜：在使用黄板诱杀的同时，选用 35% 吡虫啉悬浮剂 5000—6000 倍液、25% 噻虫嗪水分散粒剂 5000—6000 倍液、0.3%

苦参碱水剂 300—400 倍液、20% 啶虫脒可溶粉剂 2000 倍液（限开花前）或 2.5% 氯氟氰菊酯乳油 2500 倍液喷雾。

15. 卷叶螟：选用 2.5% 氯氟氰菊酯乳油 3000 倍液、10% 高效氯氰菊酯乳油 2500 倍液（限开花前）、5% 氯虫苯甲酰胺悬浮剂 2000 倍液或 90% 敌百虫晶体 1000 倍液喷雾。

16. 豆天蛾、甜菜夜蛾：在使用频振式杀虫灯诱杀的同时，选用 2.5% 氯氟氰菊酯乳油 3000 倍液、6% 阿维·氯虫苯甲酰胺悬浮剂 2500 倍液或 30 亿 PIB/ 克甜菜夜蛾核型多角体病毒悬浮剂 750—1000 倍液喷雾。

特别提示：豆野螟、豆荚螟、卷叶螟、豆天蛾、甜菜夜蛾等趋光性害虫，采用频振式杀虫灯诱杀效果极佳。

四、采收前预防措施

采摘前最后 1 次预防性用药，是确保产品质量与安全的重要环节。应根据气候条件、测报灯下害虫种类和田间监测结果，预计病虫可能发生种类，严格选用相对安全的配方，实施联合预防性施药，以确保产品质量。

五、采摘期间防治措施

因采摘期较长，病虫害不可避免会继续发生。这一时期主要病虫害有疫病、白粉病、炭疽病、锈病、灰霉病和豆野螟、豆荚螟、豆蚜等。为此，第一次采收后应立即采用药剂保护措施。施用药剂必须根据采摘间隔期，严格选用安全间隔期适宜的农药品种。

第五节　蚕豆

蚕豆主要病害有立枯病、根腐病、茎腐病、褐斑病、赤斑病、白粉病、枯萎病、锈病、疫病、病毒病等，主要虫害有菜豆根蚜、豆蚜、豆荚螟、端大蓟马、蚕豆象和潜叶蝇等危害。

一、播种前预防措施

1. 种子消毒：①用 56℃的热水浸种 10 分钟，或用 50% 多菌灵可湿性粉剂 700 倍液浸种 10 分钟。此法可防治褐斑病、枯萎病、根腐病和茎基腐病。②用种子量的 0.3% 的 50% 多菌灵可湿性粉剂拌种，可防治赤斑病。③用种子量的 0.3% 的 50% 福美双可湿性粉剂拌种，可防治立枯病。

2. 化学除草：①在蚕豆播后苗前，每公顷施用 96% 精异丙甲草胺乳油 1275 毫升，兑水 750 升喷雾，可防除单、双子叶杂草。②于蚕豆苗后一年生杂草 3—5 叶期，每公顷施用 10.8% 高效氟吡甲禾灵乳油 450 毫升或 15% 精吡氟禾草灵乳油 750 毫升，兑水 750 升喷雾。

二、幼苗期病虫防治措施

1. 立枯病：发病初期选用 30% 噁霉灵水剂 1000—1300 倍液或 50% 福美双可湿性粉剂 800 倍液浇灌茎基部。

2. 根腐病和茎基腐病：发病初期选用 70% 甲基硫菌灵可湿性粉剂 500 倍液或 15% 络氨铜水剂 300 倍液灌淋茎基部。

3. 菜豆根蚜：选用 35% 吡虫啉悬浮剂 5000 倍液或 50% 二嗪磷乳油 1000 倍液灌根。

4. 豆蚜：选用 20% 啶虫脒可溶粉剂 3500—4500 倍液、35% 吡虫啉悬浮剂 5000—6000 倍液或 25% 噻虫嗪水分散粒剂 5000—6000 倍液喷雾。

三、分枝—显蕾—结荚期病虫防治措施

1. 枯萎病：发病初期选用 70% 甲基硫菌灵可湿性粉剂 500 倍液或 30% 噁霉灵水剂 1000—1300 倍液，往茎基喷淋 2—3 次。

2. 疫病：在发病初期，选用 1∶1∶200 波尔多液、80% 三乙膦酸铝可湿性粉剂 500 倍液、72% 霜脲·锰锌可湿性粉剂 800 倍液、70% 丙森锌可湿性粉剂 300—400 倍液或 68% 精甲霜灵·锰锌水分散粒剂 600 倍液喷雾，以上药剂轮换施用，连用 3 次以上。

3. 锈病：在发病初期，选用 10% 苯醚甲环唑水分散粒剂 1500 倍液、43% 戊唑醇悬浮剂 3000 倍液或 40% 腈菌唑可湿性粉剂 4000—6000 倍液喷雾。以上药剂轮换施用，连用 2—3 次。

4. 白粉病：在发病初期，选用 40% 腈菌唑可湿性粉剂 4000—5000 倍液、80% 硫磺水分散粒剂 400—600 倍液、40% 氟硅唑乳油 800—1000 倍液或 25% 苯醚甲环唑乳油 2500 倍液喷雾。以上药剂交替施用，连用 2—3 次。

5. 病毒病：选用 20% 吗胍·乙酸铜可湿性粉剂 500—700 倍液、1.5% 三十烷醇·硫酸铜·十二烷基硫酸钠水剂 800—1000 倍液或 0.003% 丙酰芸苔素内酯水剂 3000 倍液喷雾。

6. 褐斑病：在发病初期，选用 47% 春雷·王铜可湿性粉剂 600 倍液、80% 代森锰锌可湿性粉剂 500—600 倍液、15% 络氨铜水剂 300 倍液或 75% 百菌清可湿性粉剂 600 倍液喷雾。以上药剂交替施用，连用 2—3 次。

7. 赤斑病：在发病初期，选用 50% 异菌脲可湿性粉剂 1500 倍液或 50% 腐霉利可湿性粉剂 1500 倍液喷雾。以上药剂交替施用，

8. 根腐病、茎腐病：防治方法同幼苗期。

9. 豆荚螟：在开花初期开始，交替施用 24% 甲氧虫酰肼悬浮剂 2000—3000 倍液和 2.5% 溴氰菊酯乳油 2500 倍液，与此同时使用频振式杀虫灯诱杀。

10. 蓟马：在使用蓝板诱杀的同时，用 35% 吡虫啉悬浮剂 5000—6000 倍液喷雾。

11. 蚕豆象：在盛花期早晚，喷施 4.5% 高效氯氰菊酯乳油 1000—1500 倍液。

12. 潜叶蝇：可用 75% 灭蝇胺可湿性粉剂 4500 倍液喷雾。

13. 根蚜和豆蚜：防治方法同幼苗期。

四、收获前预防措施

蚕豆生长后期主要以疫病、锈病、白粉病和褐斑病为主，可影响果荚的成熟和品相。应在收获前 10 天选用较短安全间隔期的农药品种，进行预防性联合防治，确保产品品质和安全。

第七章　葱蒜类蔬菜病虫草害防治

第一节　韭菜

　　韭菜主要病害有灰霉病、疫病、锈病、白绢病、枯萎病等，虫害以迟眼蕈蚊（韭蛆）为主，还有少量蝇类、蚜虫等危害。

一、病虫害的综合预防措施

　　1. 合理轮作：最后一年韭菜收获后，清除韭菜根株，轮种瓜类或茄果类2—3年，避免与葱蒜轮作。

　　2. 加强管理：施用有机肥要充分发酵腐熟；在不影响养苗的前提下，尽可能创造韭菜表层土壤干燥的环境，适当稀植并保持田间通风排湿，利于生长不利于灰霉病的发生；增施磷钾肥，喷施叶面肥，能增强其抗病免疫能力。

二、幼苗期—营养生长盛期防治措施

　　1. 灰霉病：选用50%腐霉利可湿性粉剂1500—2000倍液、50%异菌脲可湿性粉剂1000—1500倍液或40%嘧霉胺悬浮剂1000倍液喷雾。

　　2. 疫病：选用80%三乙膦酸铝可湿性粉剂500—600倍液、68%精甲霜灵·锰锌水分散粒剂600倍液或64%噁霜·锰锌可湿性粉剂600倍液喷雾。

　　3. 锈病：选用40%腈菌唑可湿性粉剂3000—4000倍液或80%硫磺水分散粒剂400倍液喷雾。

4.枯萎病：选用 75% 百菌清可湿性粉剂 600 倍液或 68% 精甲霜灵·锰锌水分散粒剂 600 倍液灌根。

5.白绢病：选用 70% 甲基硫菌灵可湿性粉剂 800 倍液或 5% 井冈霉素水剂 500—1000 倍液浇灌基部。

6.迟眼蕈蚊（韭蛆）等蚊蝇类：可选用 2.5% 氯氟氰菊酯乳油 4000—5000 倍液、43% 联苯肼酯乳油 2000—3000 倍液、5.7% 甲氨基阿维菌素苯甲酸盐微乳剂 4000—6000 倍液或 0.3% 苦参碱水剂 300—400 倍液，在上午 9—11 时和下午 4—6 时喷淋药液，可达到成虫、幼虫兼杀的效果。

7.蚜虫：防治方法可参照上述蚊蝇类害虫。

特别提示：韭菜收获周期长，可割一茬又一茬，安全用药要重视，每次割后应及时防治病虫害，要根据韭菜生长速度，选用安全间隔期相对应的农药品种，方可确保产品安全。

三、越冬休眠期防治措施

最后一次割后，要清除杂草松土，注意防治疫病、白绢病和韭蛆等蝇类危害。

四、杂草防除

1.播后芽前除草：于播种后第一次浇水后，韭菜未萌芽，而杂草萌芽期，每公顷选用 33% 二甲戊灵乳油 1500—1875 毫升或 50% 扑草净可湿性粉剂 1500—1875 克，兑水 750 升，均匀喷雾于土表，药后不得搅动土表。

特别提示：由于韭菜籽的种皮厚，不易吸水，出苗慢，而杂草早生快发，造成草荒，可在韭菜出苗前每公顷用 18% 草铵膦水剂 3750 毫升兑水 600 升，于露水干后针对杂草喷雾杀灭。

2. 韭菜苗后除草：在禾本科一年生杂草 2—3 叶期，每公顷选用 15% 精吡氟禾草灵乳油 675—900 毫升、10.8% 高效氟吡甲禾灵乳油 375—450 毫升、5% 精喹禾灵乳油 600—750 毫升或 12.5% 烯禾啶乳油 1500—1875 毫升，兑水 750 升，均匀喷雾。

第二节　大葱

大葱主要病害有霜霉病、锈病、疫病、紫斑病、灰霉病、白绢病、白斑病、疫病、软腐病、病毒病等，主要虫害有葱蓟马、葱潜叶蝇、棉铃虫、斜纹夜蛾、甜菜夜蛾、葱须鳞蛾和根蛆等地下害虫危害。

一、播种前预防措施

1. 种子处理：用种子量 0.2% 的 2.5% 咯菌腈悬浮种衣剂 + 种子量 3% 的水，搅均匀后拌种。

2. 育苗床土消毒：应选择三年以上未种过葱蒜类蔬菜的菜园作育苗地；在前茬采收后，翻耕晒白，并用 30% 噁霉灵水剂 1000—1300 倍液，均匀喷施后整畦。

二、苗期病虫害防治

特别提示：因葱蜡质层较厚而光滑，影响药剂附着，影响药效。为此，施药时务必注意先在水中加入展着剂后加农药，同时选用雾化细的喷头，方可确保药效。

1. 地下害虫：用 3% 辛硫磷颗粒剂 60—75 公斤 / 公顷，均匀撒施，防治小地老虎和蛴螬。

2. 锈病：选用 40% 氟硅唑乳油 4000 倍液、25% 苯醚甲环唑乳油 3500 倍液、40% 腈菌唑可湿性粉剂 5000—6000 倍液或 30% 氟菌唑可湿性粉剂 3000 倍液喷雾。

3. 白斑病、疫病：选用 70% 丙森锌可湿性粉剂 500—700 倍液、64% 噁霜·锰锌可湿性粉剂 500—600 倍液、33.5% 喹啉铜悬浮剂 750—1500 倍液或 52.5% 噁酮·霜脲氰可湿性粉剂 1500—2000 倍液喷雾。

4. 灰霉病：选用 40% 嘧霉胺悬浮剂 1500—2000 倍液、50% 异菌脲可湿性粉剂 1000—1500 倍液、50% 腐霉利可湿性粉剂 1500 倍液或 65% 甲基硫菌灵·乙霉威可湿性粉剂 800—1000 倍液喷雾。

5. 斜纹夜蛾、甜菜夜蛾：在使用黑光灯或性信息素诱杀的同时，用 10% 虫螨腈悬浮剂 1000—1500 倍液（早、晚施用）、24% 甲氧虫酰肼悬浮剂 2000—3000 倍液、5% 氯虫苯甲酰胺悬浮剂 2000—2500 倍液或 100 亿孢子/毫升短稳杆菌悬浮剂 750—1000 倍液喷雾。

三、定植前防治措施

1. 定植地处理：大葱忌连作，应选三年未种过百合科的菜地种植，经翻耕晒白，每公顷用 3% 辛硫磷颗粒剂 60—75 公斤，撒施后耙匀整畦。

2. 化学除草：在移植返青后，每公顷选用 33% 二甲戊灵乳油 1200—1500 毫升，兑水 750 升，利用保护罩针对畦沟定向喷雾处理，可防除多数杂草。

四、葱白形成期—葱白充实期防治措施

1. 霜霉病：选用 25% 吡唑醚菌酯乳油 1500—2500 倍液、50% 烯酰吗啉可湿性粉剂 1000—1200 倍液、80% 三乙膦酸铝可湿性粉

剂 800 倍液或 25% 嘧菌酯悬浮剂 1500—2000 倍液喷雾。

2. 锈病、疫病、灰霉病：防治方法同苗期。

3. 紫斑病：选用 75% 百菌清可湿性粉剂 600—800 倍液、25% 吡唑醚菌酯乳油 2500—3000 倍液、50% 异菌脲可湿性粉剂 800—1000 倍液或 25% 苯醚甲环唑乳油 2000—2500 倍液喷雾。

4. 白绢病：选用 3% 井冈霉素水剂 300 倍液或 70% 甲基硫菌灵可湿性粉剂 800 倍液，浇灌或喷淋。

5. 软腐病：选用 47% 春雷·王铜可湿性粉剂或 2% 春雷霉素水剂 600—800 倍液、46% 氢氧化铜水分散粒剂或 77% 硫酸铜钙可湿性粉剂 800—1000 倍液、30% 虎胶肥酸铜可湿性粉剂 500 倍液，喷淋或浇灌。

6. 葱蓟马：在使用蓝板诱杀的同时，选用 0.3% 苦参碱水剂 300—400 倍液、25% 噻虫嗪水分散粒剂 5000—6000 倍液、6% 乙基多杀菌素悬浮剂 1500—2000 倍液或 20% 啶虫脒可溶粉剂 5000—7000 倍液（葱白形成期禁用）喷雾。

7. 葱潜蝇：在使用灯光诱杀和黄板诱杀的同时，选用 75% 灭蝇胺可湿性粉剂 4500—6000 倍液、5.7% 甲氨基阿维菌素苯甲酸盐微乳剂 6000—8000 倍液或 2.5% 氯氟氰菊酯乳油 4000—5000 倍液喷雾。

8. 葱须鳞蛾：选用 5.7% 甲氨基阿维菌素苯甲酸盐微乳剂 6000—8000 倍液、10% 虫螨腈悬浮剂 1000—1500 倍液或 4.5% 高效氯氰菊酯乳油 1000—1500 倍液喷雾。

9. 棉铃虫、斜纹夜蛾和甜菜夜蛾：在使用黑光灯诱杀的同时，选用 5.7% 甲氨基阿维菌素苯甲酸盐微乳剂 6000—8000 倍液、10% 虫螨腈悬浮剂 1000—1500 倍液、24% 甲氧虫酰肼悬浮剂

2500—3000 倍液、100 亿孢子／毫升短稳杆菌悬浮剂 750—1000 倍液或 6% 阿维·氯虫苯甲酰胺悬浮剂 2500 倍液喷雾。

10. 根蛆：成虫期用 90% 敌百虫晶体 1000 倍液或 2.5% 溴氰菊酯乳油 3000 倍液杀灭；幼虫期可选用 90% 敌百虫晶体 600—800 倍液或 50% 二嗪磷乳油 1000 倍液，连续浇灌 2—3 次。

五、采收前预防措施

因病害的发生有一定潜伏期，其潜伏期长短除了与病原特性有关外，还与田间小气候有很大关系。病害一旦发生，往往措手不及；特别是临近收获期，选择安全间隔期适宜的农药品种难度较大。为此，收获前应根据气候条件和预计可能发生的病害种类，选择上述相对应的农药品种，联合预防病虫害施药 1 次，这是极其重要的。

第三节　青葱（小葱）

青葱主要病虫害有猝倒病、锈病、霜霉病、灰霉病、紫斑病、褐斑病、疫病、黑斑病和种蝇、蓟马、斑潜蝇、甜菜夜蛾等。

一、综合预防措施

1. 实施轮作、清园浸水：选择地势较高、易排水的田块种植，及时清除前茬作物残留物后，翻耕浸水 7—14 天，尔后排干，再翻耕。

2. 土壤消毒：每公顷用 50% 敌磺钠可湿性粉剂 7.5 公斤，拌土撒施，随后整地播种。

3. 种子消毒：用 50% 福美双可湿性粉剂，按种子量的

0.3%—0.4% 拌种，可预防霜霉病。

4. 幼苗期保护措施：齐苗揭开覆盖物时，随即用 40% 辛硫磷乳油 1000 倍液 +64% 噁霜·锰锌可湿性粉剂 500 倍液或 72.2% 霜霉威盐酸盐水剂 1000 倍液，可预防猝倒病和害虫。

5. 诱杀害虫：蓝板诱杀蓟马、黄板诱杀斑潜蝇、灯光诱杀甜菜夜蛾等趋光性害虫。

二、幼苗期—分蘖—株丛形成期防治措施

1. 猝倒病：选用 64% 噁霜·锰锌可湿性粉剂 500 倍液、72.2% 霜霉威盐酸盐水剂 1000 倍液或 3% 多抗霉素水剂 800 倍液浇灌。

2. 锈病：选用 50% 醚菌酯水分散粒剂 3500 倍液、40% 腈菌唑可湿性粉剂 400—600 倍液或 43% 戊唑醇悬浮剂 4000—6000 倍液喷雾。

3. 霜霉病：选用 50% 烯酰吗啉可湿性粉剂 1000—1200 倍液、70% 丙森锌可湿性粉剂 500—700 倍液、10% 氰霜唑悬浮剂 2000—2500 倍液或 3% 多抗霉素水剂 600—800 倍液喷雾。

4. 紫斑病：选用 68% 精甲霜灵·锰锌水分散粒剂 800 倍液、3% 多抗霉素水剂 600—800 倍液、75% 百菌清可湿性粉剂 +70% 甲基硫菌灵可湿性粉剂（1：1）1000—1500 倍液或 10% 苯醚甲环唑水分散粒剂 1000—1500 倍液喷雾。

5. 灰霉病：选用 50% 异菌脲可湿性粉剂 1500 倍液、40% 嘧霉胺悬浮剂 800—1000 倍液或 75% 百菌清可湿性粉剂 600 倍液喷雾。

6. 褐斑病、黑斑病：选用 50% 异菌脲可湿性粉剂 1500 倍液、10% 苯醚甲环唑水分散粒剂 1500 倍液、75% 百菌清可湿性粉剂

600 倍液或 64% 噁霜·锰锌可湿性粉剂 500 倍液喷雾。

7. 疫病：选用 80% 三乙膦酸铝可湿性粉剂 500—700 倍液、72.2% 霜霉威盐酸盐水剂 1000 倍液、68.75% 氟吡菌胺·霜霉威悬浮剂 750—1000 倍液喷雾。

8. 种蝇（根蛆）：在成虫期，选用 80% 敌敌畏乳油 1500 倍液、10% 氯氰菊酯乳油 4000—5000 倍液、2.5% 溴氰菊酯乳油 2500—3000 倍液或 75% 灭蝇胺可湿性粉剂 5000 倍液喷雾。在根蛆为害期，选用 90% 敌百虫晶体 600—800 倍液或 75% 灭蝇胺可湿性粉剂 4000—5000 倍液，灌根 2—3 次。

9. 蓟马：选用 25% 噻虫嗪水分散粒剂 5000—6000 倍液、20% 啶虫脒可湿性粉剂 3500—4000 倍液或 0.3% 苦参碱水剂 300—400 倍液喷雾。

10. 斑潜蝇：选用 75% 灭蝇胺可湿性粉剂 5000—6000 倍液、5.7% 甲氨基阿维菌素微乳剂 5000—6000 倍液或 0.3% 印楝素乳油 500 倍液喷雾。

11. 甜菜夜蛾：选用 15% 茚虫威悬浮剂 2000—3000 倍液、10% 虫螨腈悬浮剂 1000—1500 倍液、24% 甲氧虫酰肼悬浮剂 2500—3000 倍液或 30 亿 PIB/ 克甜菜夜蛾核型多角体病毒悬浮剂 750—1500 倍液喷雾。

三、杂草防除

在播种后出芽前（有盖种），每公顷用 33% 二甲戊灵乳油 1200—1500 毫升，兑水 750 升，喷雾封闭土表。

第四节　洋葱

洋葱主要病害有猝倒病、立枯病、霜霉病、锈病、紫斑病、疫病、灰霉病、黑斑病、软腐病、炭疽病，主要虫害有蓟马、潜叶蝇、葱须鳞蛾、根蛆、夜蛾类等危害。

一、播种前后预防措施

1. 种子处理：①用种子量 0.3%—0.4% 的 50% 福美双可湿性粉剂拌种；②用种子量 0.2% 的 2.5% 咯菌腈悬浮种衣剂 + 种子量 3% 水，搅均匀后拌种；③用种子量 0.3% 的 68% 精甲霜灵·锰锌水分散粒剂拌种，可防治霜霉病、紫斑病；④用 80% 福·福锌可湿性粉剂按种子量的 0.3%—0.4% 拌种，可预防猝倒病和立枯病。

2. 育苗床土消毒：忌选用前茬种植百合科蔬菜地作育苗地，可用 30% 噁霉灵水剂 1000 倍液喷洒畦土；在有地下害虫为害的苗地，应均匀撒施碳酸氢铵 1125 公斤 / 公顷后，用薄膜覆盖 5 天（晴）或 7 天（阴雨），揭膜整畦播种，可有效杀灭土传病害、草籽、黄曲条跳甲等害虫。

3. 化学除草：于播后芽前，每公顷施 33% 二甲戊灵乳油 1350—1500 毫升，兑水 750 升喷雾。

二、幼苗期病虫害防治

特别提示：因洋葱蜡质层较厚而光滑，影响药剂附着。施药时务必注意先在水中加入展着剂后加农药，同时选用雾化细的喷头，方可确保药效。

1. 猝倒病、立枯病：选用 30% 噁霉灵水剂 1000—1300 倍液、72.2% 霜霉威盐酸盐水剂 600—800 倍液或 3% 多抗霉素水剂 800 倍液浇灌。

2. 蓟马：在使用蓝板诱杀的同时，选用 0.3% 苦参碱水剂 300—400 倍液、25% 噻虫嗪水分散粒剂 5000—6000 倍液、20% 啶虫脒可溶粉剂 5000—7000 倍液或 6% 乙基多杀菌素悬浮剂 1500—2000 倍液喷雾。

三、定植地土壤处理

1. 实行轮作：忌选前茬种植百合科蔬菜的菜地。

2. 土壤消毒：于前茬采收翻耕后，均匀撒施碳酸氢铵 1125 公斤 / 公顷，并用薄膜密封，经 5 天（晴）或 7 天（阴雨），揭膜后整畦定植。

四、叶生长期—鳞茎膨大期防治措施

1. 霜霉病：选用 10% 氰霜唑悬浮剂 2000—2500 倍液、70% 丙森锌可湿性粉剂 500—700 倍液、68% 精甲霜灵·锰锌水分散粒剂 700—800 倍液或 80% 三乙膦酸铝可湿性粉剂 800 倍液喷雾。

2. 疫病：选用 70% 丙森锌可湿性粉剂 500—700 倍液、68% 精甲霜灵·锰锌水分散粒剂 700—800 倍液、33.5% 喹啉铜悬浮剂 750—1000 倍液或 52.5% 噁酮·霜脲氰水分散粒剂 2000—3000 倍液喷雾。

3. 紫斑病、黑斑病：选用 64% 噁霜·锰锌可湿性粉剂 500—600 倍液、68% 精甲霜灵·锰锌水分散粒剂 800 倍液、50% 异菌脲可湿性粉剂 1000—1500 倍液或 25% 吡唑醚菌酯乳油 2500—3000 倍液喷雾。

4. 灰霉病：选用 40% 嘧霉胺悬浮剂 1500—2000 倍液或 50% 异菌脲可湿性粉剂 1000—1500 倍液喷雾。

5. 软腐病：选用 2% 春雷霉素水剂 600—800 倍液、47% 春雷·王铜可湿性粉剂 600—800 倍液或 46% 氢氧化铜水分散粒剂 800—1000 倍液喷雾。

6. 锈病：选用 40% 氟硅唑乳油 4000 倍液或 40% 腈菌唑可湿性粉剂 5000—6000 倍液喷雾。

7. 炭疽病：选用 50% 醚菌酯水分散粒剂 3000—4000 倍液、50% 异菌脲可湿性粉剂 1500—2000 倍液、70% 甲基硫菌灵可湿性粉剂 800 倍液或 50% 克菌丹可湿性粉剂 600 倍液喷雾。

8. 甜菜夜蛾、斜纹夜蛾：在黑光灯诱杀的同时，选用 24% 甲氧虫酰肼悬浮剂 2000—3000 倍液、5% 氟啶脲乳油 1500 倍液、100 亿孢子/毫升短稳杆菌悬浮剂 750—1000 倍液、25% 除虫脲悬浮剂 1500 倍液（早、晚用）0.3% 苦参碱水剂 300 倍液喷雾。

9. 潜叶蝇：在使用黄板和灯光诱杀的同时，选用 75% 灭蝇胺可湿性粉剂 4500—6000 倍液或 0.3% 印楝素乳油 500—600 倍液喷雾。

10. 根蛆：可用 3% 辛硫磷颗粒剂 60—75 公斤/公顷，撒施种植层；或选用 90% 敌百虫晶体 600—800 倍液、50% 二嗪磷乳油 1000 倍液灌根。

11. 葱须鳞蛾：选用 10% 虫螨腈悬浮剂 1000—1500 倍液、5.7% 甲阿维菌素苯甲酸盐微乳剂 6000—8000 倍液或 4.5% 高效氯氰菊酯乳油 1000—1500 倍液浇灌。

12. 蓟马：防治方法同幼苗期。

五、收获前预防措施

收获前应特别注意预防疫病、软腐病、锈病、根蛆和葱须鳞蛾。因病害的发生有一定潜伏期，其潜伏期长短除了与病原特性有关外，还与田间小气候关系很大。病害一旦发生，往往措手不及；特别是临近收获期，选择安全间隔期适宜的农药品种难度较大。为此，收获前应以治本为目的，根据气候条件和预计可能发生的病害种类，选择上述相对应的农药品种，联合预防。虫害可选用上述相对应农药品种和安全间隔期，确保产品质量。

第五节　大蒜

大蒜病害有叶枯病、灰霉病、紫斑病、白腐病、病毒病等，主要虫害有蚜虫类、根蛆、螨蛆、螨类、粪蚊、葱蓟马、豌豆潜叶蝇、轮紫斑跳虫等危害。

一、综合预防措施

1. 实施轮作：实行 3—4 年轮作，种植地周围不要种植大葱、洋葱、韭菜等葱属作物。

2. 种瓣处理：①预防叶枯病、紫斑病，可用 40—50℃温水浸泡 90 分钟；②预防白腐病，可用 70% 甲基硫菌灵可湿性粉剂按种瓣量的 0.2% 拌种；③预防螨类，将种瓣浸入 80% 敌敌畏乳油 1000 倍液，浸泡 24 小时；④预防根蛆，用 90% 敌百虫晶体 20 倍液 1 升，拌种瓣 10 公斤。

3. 诱杀害虫：在使用黄板诱杀有翅蚜、蓝板诱杀蓟马的同时，成虫期用糖 6 份、醋 3 份、白酒 1 份、水 10 份、90% 敌百虫晶体 1 份，配成毒饵，诱盆应加盖，于晴天开盖诱杀。

4. 科学施肥：①有机肥做基肥要充分腐熟，同时选用 90% 敌百虫晶体 0.75 公斤 + 水 50 升，洒入 750 公斤的有机肥中，可有效消灭土中害虫。②适当增施磷、钾肥，严控氮肥。

二、幼苗—蒜薹伸长期—鳞茎膨大期防治措施

1. 叶枯病：选用70%甲基硫菌灵可湿性粉剂700—800倍液或75%百菌清可湿性粉剂600倍液喷雾。

2. 灰霉病、白腐病：选用50%异菌脲可湿性粉剂1000倍液、50%腐霉利可湿性粉剂1500倍液或70%甲基硫菌灵可湿性粉剂700倍液喷雾。

3. 紫斑病：选用75%百菌清可湿性粉剂500倍液、64%噁霜·锰锌可湿性粉剂400—500倍液或80%代森锰锌可湿性粉剂600倍液喷雾。

4. 病毒病：选用1.5%三十烷醇·硫酸铜·十二烷基硫酸钠乳油1000倍液、0.003%丙酰芸苔素内酯水剂3000倍液或20%吗胍·乙酸铜可湿性粉剂或6%烷醇·硫酸铜可湿性粉剂500—700倍液喷雾。

5. 蚜虫类：选用1.5%除虫菊素水乳剂400—500倍液、35%吡虫啉悬浮剂3500—4000倍液或25%噻虫嗪水分散粒剂3000—4000倍液喷雾。

6. 根蛆：幼虫期可选用90%敌百虫晶体800—1000倍液、40%辛硫磷乳油800倍液或75%灭蝇胺可湿性粉剂4000—6000倍液浇灌。

7. 葱蓟马：选用20%呋虫胺可分散油悬浮剂1500倍液、0.3%苦参碱水剂300—400倍液、25%噻虫嗪水分散粒剂3000—4000倍液或6%乙基多杀菌素悬浮剂1000倍液喷雾。

8. 螨类：在播种时，种沟中施入3%辛硫磷颗粒剂60—75公斤/公顷，或选用80%敌敌畏乳油300—400倍液43%联苯肼酯

悬浮剂 2000—3000 倍液浇灌。

9. 粪蚊：成虫期选用 80% 敌敌畏乳油 1000 倍液喷雾，幼虫期选用 40% 辛硫磷乳油 800 倍液浇灌。

10. 豌豆潜叶蝇：选用 2.5% 溴氰菊酯乳油 3000 倍液、80% 敌敌畏乳油 800—1000 倍液、75% 灭蝇胺可湿性粉剂 5000—6000 倍液或 0.3% 印楝素乳油 600 倍液喷雾。

11. 轮紫斑跳虫：选用 80% 敌敌畏乳油 1000 倍液，重点喷洒于植株下部叶片及植株周围地表，可消灭成虫和幼虫。

三、杂草防除

于播种后发芽前浇水干后，每公顷选用下列药剂剂量，兑水 750 升，喷雾封闭土表，可防除一年生杂草。①露地栽培用 25% 噁草酮乳油 1650—1800 毫升，地膜覆盖用 1200—1500 毫升；②露地栽培用 24% 乙氧氟草酯乳油 750—900 毫升，地膜覆盖用 540—600 毫升；③ 48% 甲草胺乳油 3000—3750 毫升；④ 50% 扑草净可湿性粉剂 1500—2100 克。

第八章　薯芋类蔬菜病虫草害防治

第一节　甘薯（含叶用）

甘薯主要病害有黑斑病、薯瘟病、疮痂病、蔓割病、细菌性黑腐病、茎线虫病、干腐病等，主要虫害有小象甲、甘薯天蛾、斜纹夜蛾、甘薯麦蛾、甘薯茎螟等危害。

一、育苗前病虫害预防措施

1. 建立无病苗圃：育苗地应选择远离甘薯种植区或选用 3 年以上轮作地，苗地保持排水系统良好。

2. 选择抗病品种：选用品种必须预先了解其抗病性和对当地环境条件的适应性，以免措手不及，严禁从病区引种。

3. 种苗、种薯处理：选择老蔓或薯块育苗均须严格检疫和种苗消毒，老蔓或薯块育苗前可选用 50% 多菌灵可湿性粉剂或 70% 甲基硫菌灵可湿性粉剂 500 倍液，浸苗（薯块）2—5 分钟后种植。

二、苗期病虫害防治措施

1. 黑斑病、蔓割病、疮痂病：于初发病期，可用 70% 甲基硫菌灵可湿性粉剂喷雾连续使用 2 次。

2. 薯瘟病：在发病初期，可用 10% 石灰水均匀泼洒，也可选用 30% 噻唑锌悬浮剂 500—800 倍液、50% 福美双可湿性粉剂或 80% 代森锰锌可湿性粉剂 800 倍液喷施。

3. 甘薯天蛾、斜纹夜蛾、甘薯麦蛾：于幼虫幼龄期，选用 5.7% 甲氨基阿维菌素苯甲酸盐微乳剂 6000—8000 倍液、90% 敌百虫晶体 700—1000 倍液、100 亿孢子／毫升短稳杆菌悬浮剂 750 倍液或 6% 阿维·氯虫苯甲酰胺悬浮剂 2500 倍液喷雾。

4. 送嫁药与高位剪苗：剪苗前 2—3 天，选用 70% 甲基硫菌灵可湿性粉剂 700 倍液喷雾，有蟋蟀为害地区 +90% 敌百虫晶体 1000 倍液喷雾，剪苗要求离地 3—5 厘米处剪取。

三、定植—块根膨大期病虫草害防治措施

1. 化学除草：整畦后扦插前或扦插后立即施药，每公顷用 96% 精异丙甲草胺乳油 1125—1275 毫升，兑水 750 升，喷雾封闭土表，防治杂草。

2. 黑斑病、蔓割病、疮痂病：在发病初期，选用 70% 甲基硫菌灵可湿性粉剂喷雾，连续施用 2—3 次。

3. 细菌性黑腐病：在始见发病中心时，喷施 46% 氢氧化铜水分散粒剂 700 倍液，连续 2 次。

4. 茎线虫病：茎线虫为害严重的地区，扦插时用 20% 噻唑膦水乳剂 750—1000 倍液浇灌返青水。生长期发现此病，可用 5.7% 甲基阿维菌素苯甲酸盐微乳剂 6000—8000 倍液浇灌。

5. 小象甲：首先，于甘薯扦插后，采用性诱技术，每公顷设 45 点，每点相距 15 米，每点呈三角形，设置 3 个诱捕器，通过性诱捕虫口基数可大量下降。其次，于甘薯膨大初期，用 0.3% 苦参碱水剂 300—400 倍液，浇灌薯茎基部。

6. 甘薯天蛾、斜纹夜蛾、甘薯麦蛾、甘薯茎螟、大象甲：选用 6% 阿维·氯虫苯甲酰胺悬浮剂 2500 倍液或 200 亿／克斜纹夜蛾

核型多角体病毒悬浮剂 5000—6000 倍液、100 亿孢子 / 毫升短稳杆菌悬浮剂 750 倍液、90% 敌百虫晶体 1000 倍液或 5.7% 甲氨基阿维菌素苯甲酸盐微乳剂 4000—5000 倍液喷雾，以傍晚施药为好。

7. 蚯蚓危害：有蚯蚓为害的地区，在施用夹边肥时，撒施茶籽饼粉 225 公斤 / 公顷；或在薯块膨大时，用茶籽饼粉浸泡 24 小时后，兑水浇灌。

四、采收后保鲜措施

应选择晴天挖掘薯块，尽量避免损伤薯皮，留有薯蒂；挖掘后放置田间，太阳晒晾数小时后取回，并置于通风透气的地方，使其薯块表皮水汽继续晾干，以免发生干腐病。

第二节　山药

山药（淮山）主要病害有炭疽病、叶斑病、褐斑病、叶枯病、根茎腐病、褐腐病、斑枯病、根结线虫病等，主要虫害有地老虎、蝼蛄、金龟子、金针虫、叶甲、叶蜂等危害。

一、预防措施

1. 农业防治：①实行 2 年以上的轮作或水旱轮作，有利于控制地下害虫和残存病源物；②收获后将残留田间的病残体集中烧毁并深翻土壤以减少越冬菌虫源；③合理密植、适当加大行距并采用高支架和高畦栽培，改善田间小气候，增强植株抗逆性；④选择抗病品种，增施有机肥和磷钾肥，避免偏施氮肥。

2. 种薯消毒：留种用的山药段伤口应及时处理，可用 50% 多菌灵可湿性粉剂 500—600 倍液或 10% 石灰水或草木灰浸蘸，不仅可以促进伤口愈合，防止病菌入侵，而且可以预防多种病害发生。

3. 土壤消毒：做畦开沟后定植时，每公顷穴施 10% 噻唑膦颗粒剂 15—30 公斤或 1.8% 阿维菌素乳油 9000—10500 毫升，可有效预防地下害虫。

二、发芽期—抽蔓发棵期—块茎生长期防治措施

1. 炭疽病：①出苗后喷洒 1∶1∶50 的波尔多液；②发病后，选用 68% 精甲霜灵·锰锌水分散粒剂 800 倍液、80% 福·福锌可湿性粉剂 800 倍液、70% 甲基硫菌灵可湿性粉剂 1500 倍液、50% 醚菌酯水分散粒剂 3000—4000 倍液或 50% 异菌脲可湿性粉剂 1000 倍液喷雾。

2. 叶斑病：① 1∶1∶200 波尔多液；②选用 50% 多菌灵可湿性粉剂 500 倍液、75% 百菌清可湿性粉剂 600 倍液、70% 甲基硫菌灵可湿性粉剂 700 倍液或 50% 克菌丹水分散粒剂 500 倍液喷雾。

3. 褐斑病：选用 75% 百菌清可湿性粉剂 600 倍液、50% 多菌灵可湿性粉剂 600 倍液或 12.5% 烯唑醇可湿性粉剂 2000—3000 倍液喷雾。

4. 斑枯病：选用 68% 精甲霜灵·锰锌水分散粒剂 600—800 倍液、70% 甲基硫菌灵可湿性粉剂或 50% 异菌脲可湿性粉剂 1500 倍液、80% 福·福锌可湿性粉剂 800 倍液或 46% 氢氧化铜水分散粒剂 1000—1500 倍液喷雾。

5. 根茎腐病：选用 70% 甲基硫菌灵可湿性粉剂 600 倍液或 46% 氢氧化铜水分散粒剂 1000—1500 倍液浇灌，连续防治 2—3 次。

6. 褐腐病：选用 70% 甲基硫菌灵可湿性粉剂 600 倍液、75% 百菌清可湿性粉剂 1000 倍液或 70% 甲基硫菌灵可湿性粉剂 1000 倍液 +80% 硫磺水分散粒剂 600 倍液喷雾。

7. 根结线虫病：可用 41.7% 氟吡菌酰胺悬浮剂 1000—1500 倍液浇灌。

8. 叶蜂、叶甲：选用 1.6 万国际单位 / 毫克苏云金杆菌可湿性粉剂 800—1000 倍液、0.3% 苦参碱水剂 500—600 倍液、6% 乙基多杀菌素悬浮剂 1500—2000 倍液或 5% 氯虫苯甲酰胺悬浮剂 2000 倍液喷雾。

9. 地老虎、金针虫、金龟子、蝼蛄：①灯光诱杀。用频振式杀虫灯诱杀金龟子、地老虎、蝼蛄成虫，可降低虫口基数。②毒饵。用 90% 敌百虫晶体 30 倍液，拌炒香的麦麸或黄豆饼或棉籽饼 5 公斤或菜叶、青草 15 公斤制成，在傍晚放用效果较好。③灌根。每株浇灌 150—200 毫升的 0.3% 苦参碱水剂 500—600 倍液；或选用 90% 敌百虫晶体 800 倍液、50% 二嗪磷乳油 2000 倍液灌根。

三、杂草防除

1. 免耕种植（包括间作、套种）：种植前应杀灭田间现存杂草，每公顷可用 18% 草铵膦水剂 3750 毫升，兑水 750 升，针对性杀灭。

2. 播种后出芽前土壤处理：①每公顷用 48% 甲草胺乳油 3000 毫升，兑水 600–750 升；②每公顷用 96% 精异丙甲草胺乳油 1050–1350 毫升，兑水 600–750 升（沙质土壤禁用）；③每公顷用 90% 乙草胺乳油 600 毫升，兑水 600–750 升（积水地禁用）。选用上述药剂中的一种进行喷雾。

3. 茎叶期处理：①每公顷用 10.8% 高效盖草能乳油 450–600 毫升，兑水 600–750 升喷雾。②每公顷用 15% 精吡氟禾草灵乳油 600–750 毫升，兑水 600–750 升喷雾。上述两种方法均可防除一年生禾本科杂草。

第三节　马铃薯

主要病害有晚疫病、早疫病、青枯病、病毒病、疮痂病、粉痂病、黑胫病、枯萎病、黄萎病、环腐病等，主要虫害有蚜虫、绿小叶蝉、茄二十八星瓢虫、金针虫、蝼蛄、金龟子、小地老虎等危害。

一、种植前后预防措施

1. 选用脱毒良种：选择最佳播种期，实施合理轮作，选择与禾本科或豆类作物轮作 3 年以上的地块种植。

2. 剔除病薯：于播种前，进行晾种或晒种，促进病薯发展和暴露，以便剔除。

3. 种薯消毒：①用 40% 福尔马林水剂 200 倍液浸种薯 5 分钟，也可用 1% 石灰水或 0.1% 高锰酸钾浸种薯 1 小时，晾干后再播种，这是预防环腐病、疮痂病、粉痂病的关键环节。②切块时，切刀要用 10% 漂白粉消毒，或用 3% 多抗霉素水剂 200 毫升 / 升浸 3 分钟，或选用 0.1% 高锰酸钾、3% 甲酚皂（来苏尔）液浸 5—6 分钟，以预防病害传染。③用 2.5% 咯菌腈悬浮种衣剂 50—100 毫升，拌种薯 500 公斤。

4. 土壤消毒：有地下害虫为害的地块，于整地做畦时，每公顷选用 3% 辛硫磷颗粒剂 60—75 公斤，撒施种植层。

5. 化学除草：于播后芽前，每公顷可选用 96% 精异丙甲草胺乳油 1200 毫升或 25% 砜嘧磺隆水分散粒剂 75—120 克，兑水 1125 升，喷雾封闭土表，可防除单子叶、双子叶杂草。②每公顷用 33% 二甲戊灵乳油 2250—2855 毫升，兑水 1125 升，喷于土表，防除杂草。

二、苗后—发棵结薯期防治措施

1. 晚疫病、早疫病：选用 80% 代森锰锌可湿性粉剂 700—800 倍液、波尔多液 1∶1∶100 液、60% 吡醚·代森联水分散粒剂 1200—1500 倍液、20% 氟吗啉可湿性粉剂 500—700 倍液、50% 啶酰菌胺水分散粒剂 2500—3000 倍液、23.4% 双炔酰菌胺悬浮剂 2000—3000 倍液或 68.75% 氟吡菌胺·霜霉威悬浮剂 1000—1200 倍液喷雾。

2. 青枯病：选用 46% 氢氧化铜水分散粒剂 800 倍液、47% 春雷·王铜可湿性粉剂 600—800 倍液或 80% 波尔多液可湿性粉剂 500 倍液灌根。

3. 黄萎病：选用 46% 氢氧化铜水分散粒剂 1000—1200 倍液、30% 噁霉灵水剂 2000—3000 倍液或 30% 琥胶肥酸铜可湿性粉剂 500 倍液灌根。

4. 枯萎病：选用 50% 异菌脲可湿性粉剂 1000—1500 倍液、3% 多抗霉素水剂 800 倍液或 30% 噁霉灵水剂 2000—3000 倍液喷雾。

5. 黑胫病：50% 福美双可湿性粉剂 600 倍液灌根。

6. 病毒病：①注意防治蚜虫，可用 35% 吡虫啉悬浮剂 5000—6000 倍液喷雾；② 2% 氨基寡糖素水剂 500—800 倍液或

0.01% 芸苔素内酯水剂 3000—4000 倍液喷雾。

7. 疮痂病、粉痂病：选用 80% 代森锰锌可湿性粉剂 800—1000 倍液、30% 琥胶肥酸铜可湿性粉剂 500 倍液喷雾或 33.5% 喹啉铜悬浮剂 750—1500 倍液浇灌。

8. 环腐病：①严格实施种植前预防措施；②发病初期可选用 46% 氢氧化铜水分散粒剂 1000—1200 倍液、3% 中生菌素可湿性粉剂 800—1000 倍液或 30% 噻唑锌悬浮剂 500—800 倍液喷雾。

9. 蚜虫：在使用黄板诱杀的同时，选用 35% 吡虫啉悬浮剂 5000—6000 倍液、25% 噻虫嗪水分散粒剂 4000—5000 倍液或 22% 氟啶虫胺腈悬浮剂 3000 倍液喷雾。

10. 绿小叶蝉：选用 35% 吡虫啉悬浮剂 3000—4000 倍液或 25% 噻虫嗪水分散粒剂 4000—5000 倍液喷雾。

11. 茄二十八星瓢虫：选用 2.5% 氯氟氰菊酯乳油 4000 倍液、4.5% 高效氯氰菊酯乳油 1500 倍液、90% 敌百虫晶体 1000 倍液或 50 亿—70 亿 / 克白僵菌稀释成 1 亿克孢子 / 毫升溶液喷雾。

12. 粉虱：选用 22.4% 螺虫乙酯悬浮剂 2000—2500 倍液、2.5% 氯氟氰菊酯乳油 5000 倍液或 20% 呋虫胺可分散油悬浮剂 1500 倍液喷雾。

13. 地下害虫：播种前用 3% 辛硫磷颗粒剂 60—75 公斤 / 公顷，撒施翻耕；结薯期用 0.3% 苦参碱水剂 300—400 倍液浇灌。

三、收获前农业防治措施

田间积水应及时排去，地表要干；病毒病株、晚疫病株应及时拔除或挖掉带病块根。

特别提示：采收时应注意环腐病薯的处理，新收获的病薯与健康薯在外表上没有明显的区别。为此，在收获前应挖除病薯，以免病、健薯块混售，影响产品声誉。鉴别方法是，病株顶部叶片变小，叶缘上卷，色灰绿，软而薄，呈现水渍状萎蔫下垂。

第四节　芋头

芋头主要病害有疫病、炭疽病、污斑病、软腐病、细菌性斑点病等，主要虫害有蚜虫、斜纹夜蛾、烟粉虱、金龟子、蝼蛄、小地老虎、红蜘蛛等危害。

一、综合预防措施

1. 选用抗病品种和轮作防病：最忌重茬连作。与禾本科作物轮作并且实行水旱轮作防病效果更好。

2. 合理密植，加强田间管理：深沟高畦种植，避免午间灌水和积水，合理施肥。

3. 使用灯光诱杀：如用频振式杀虫灯诱杀斜纹夜蛾、金龟子、蝼蛄和小地老虎，用黄板诱杀有翅蚜、烟粉虱，可有效控制害虫基数。

4. 土壤、芋种消毒：①下种前选用 75% 百菌清可湿性粉剂 600 倍液淋施地表随之翻入土表；②种芋用 75% 百菌清可湿性粉剂 600 倍液浸种 4 小时后，沥干并拌草木灰下种。

二、幼苗期—球茎发生和生长期防治措施

1. 疫病：选用 68% 精甲霜灵·锰锌水分散粒剂 600—700 倍液、64% 噁霜·锰锌可湿性粉剂 500 倍液、72% 霜脲氰·锰锌可湿性粉剂 600—800 倍液或 68.75% 氟吡菌胺·霜霉威悬浮剂 750—1000 倍液喷雾。

2. 炭疽病：选用 75% 百菌清可湿性粉剂 700—800 倍液或 25% 嘧菌酯悬浮剂 1500 倍液喷雾。

3. 软腐病、细菌性斑点病：选用 20% 噻菌铜悬浮剂 400—500 倍液、46% 氢氧化铜水分散粒剂 1500 倍液、50% 氯溴异氰脲酸可湿性粉剂 1000 倍液、15% 络氨铜水剂 400 倍液或 30% 王铜悬浮剂 600 倍液（雨天、多雾、露水未干禁用）喷雾。

4. 污斑病：选用 20% 噻菌铜悬浮剂 500 倍液或 10 亿芽孢 / 克枯草芽孢杆菌可湿性粉剂 500—800 倍液喷雾。

5. 蚜虫、烟粉虱：选用 10% 溴氰虫酰胺水分散粒剂 4000 倍液、20% 啶虫脒水溶粉剂 3500—4000 倍液、22.4% 螺虫乙酯悬浮剂 2500—3000 倍液、0.3% 苦参碱水剂 300—400 倍液或 99% 矿物油乳油 800—1000 倍液喷雾。

6. 斜纹夜蛾：选用 200 亿 PIB/ 克斜纹夜蛾核型多角体病毒悬浮剂 500—600 倍液、10% 虫螨腈悬浮剂 2000 倍液或 5% 氯虫苯甲酰胺悬浮剂 1000 倍液喷雾。

7. 螨类：选用 22.4% 螺虫乙酯悬浮剂 2000—2500 倍液、5.7% 甲氨基阿维菌素苯甲酸盐微乳剂 6000 倍液或 43% 联苯肼酯悬浮剂 2000—3000 倍液喷雾。

8. 蛞蝓、蜗牛：撒施 6% 四聚乙醛颗粒剂 22.5 公斤 / 公顷，或喷洒 30% 茶皂素水剂 300—400 倍液。

9. 小地老虎、金龟子、蝼蛄：选用 5.7% 氯氯氰菊酯乳油 700—1000 倍液、0.3% 苦参碱水剂 300—400 倍液或 5.7% 甲氨基阿维菌素苯甲酸盐微乳剂 6000—8000 倍液浇灌。

第五节　黄姜

黄姜病害主要有姜瘟（腐烂病）、疫病、根腐病、炭疽病、斑点病等，主要虫害有姜螟、姜蛆、甜菜夜蛾、沟金针虫、蚜虫、蓟马、蜗牛、蛞蝓等危害。

一、综合预防措施

1. 农业措施：①黄姜是基本上采用无性繁殖，重茬种植现象普遍存在，使黄姜病虫害种类逐年积累，其危害也逐年增大。因此，必须重视农业措施的应用，特别是轮作换茬、选用无病姜种、选地整地、施净肥、浇净水和及时处理病株等措施，均可控制病害的发生蔓延。②预防沟金针虫，在播种前深耕晒白，将幼虫及蛹翻出土表让鸟食、暴晒或冷冻死，或用40%辛硫磷乳油按种子量的0.1%拌种。

2. 种子消毒：①预防根腐病，于播前晒种2—3天，并用50%多菌灵可湿性粉剂500倍液浸种6—10分钟；②姜种灭虫，用1.8%阿维菌素乳油1200倍液浸种5—10分钟，可杜绝姜蛆传人。

3. 诱杀技术：可用蓝板诱杀蓟马，黄板诱杀有翅蚜，灯光诱杀甜菜夜蛾等趋光性害虫。

二、幼苗、茎叶及根茎旺盛生长期防治措施

1. 姜瘟（腐烂病）：可选用20%噻菌酮悬浮剂400—500倍液、46%氢氧化铜水分散粒剂800—1000倍液、10亿有效活菌数/克多黏类芽孢杆菌可湿性粉剂500—750倍液、30%噻唑锌悬

浮剂 500—800 倍液或 30% 王铜悬浮剂 800—1000 倍液（阴雨、露水未干、多雾天禁用）灌根。

2. 根腐病：选用 30% 噁霉灵水剂 1300 倍液、10 亿芽孢 / 克芽孢杆菌可湿性粉剂 500—800 倍液、70% 甲基硫菌灵可湿性粉剂 800 倍液或 20% 噻菌铜悬浮剂 500 倍液浇灌。

3. 疫病：可用 1∶1∶160 的波尔多液保护，发病初期选用 68% 精甲霜灵·锰锌水分散粒剂 600 倍液或 80% 三乙膦酸铝可湿性粉剂 600 倍液喷雾。

4. 炭疽病：选用 50% 异菌脲可湿性粉剂 1000—1500 倍液、80% 代森锰锌可湿性粉剂 500—600 倍液、10% 苯醚甲环唑水分散粒剂 1000 倍液或 45% 咪鲜胺乳油 600 倍液喷雾。

5. 斑点病（白星病）：选用 70% 甲基硫菌灵可湿性粉剂 1000 倍液、75% 百菌清可湿性粉剂 1000 倍液或 10% 苯醚甲环唑水分散粒剂 1000 倍液喷雾。

6. 姜螟：选用 2.5% 溴氰菊酯乳油 1500 倍液、35% 吡虫啉悬浮剂 4000—5000 倍液、100 亿孢子 / 毫升短稳杆菌悬浮剂 700 倍液或 20 亿 PIB/ 克甘蓝夜蛾核多角病毒可湿性粉剂 750 倍液喷雾。

7. 姜蛆：选用 5.7% 甲氨基阿维菌素苯甲酸盐微乳剂 5000 倍液、100 亿孢子 / 毫升短稳杆菌悬浮剂 700 倍液或 20 亿 PIB/ 克甘蓝夜蛾核多角病毒可湿性粉剂 750 倍液灌根。

8. 甜菜夜蛾：选用 6% 乙基多杀菌素悬浮剂 1000—1500 倍液（傍晚施药）、15% 茚虫威悬浮剂 3000—4000 倍液或 30 亿 PIB/ 克甜菜夜蛾核型多角体病毒悬浮剂 750—1000 倍液喷雾。

9. 蚜虫：选用 0.3% 苦参碱水剂 300—400 倍液、35% 吡虫啉悬浮剂 3500—4000 倍液、10% 溴氰虫酰胺悬浮剂或 22% 氟啶虫胺腈悬浮剂 3000 倍液喷雾。

10. 蓟马：选用 35% 吡虫啉悬浮剂 5000 倍液、20% 啶虫脒可溶粉剂 3500—4000 倍液或 25% 噻虫嗪水分散粒剂 5000—6000 倍液喷雾。

11. 沟金针虫：危害严重地块，每公顷可施用 3% 辛硫磷颗粒剂 60—75 公斤，拌土撒施耙入土中，或每公顷用 40% 辛硫磷乳油 7.5 升，兑水 7500 升浇根；成虫期用 90% 敌百虫晶体 1000 倍液喷雾。

12. 蜗牛、蛞蝓：选用 30% 茶皂素水剂 300—400 倍液或 96% 硫酸铜晶体 1000 倍液浇灌，或撒施 6% 四聚乙醛颗粒剂 22.5 公斤/公顷。

三、杂草防除

1. 播后芽前除草：新播种地或两年生姜地，于芽前每公顷选用 90% 乙草胺乳油 1350 毫升或 96% 精异丙甲草胺乳油 1500 毫升，兑水 675 升，喷雾封闭土表。

2. 生长期除草：于一年生禾本科杂草 2—3 叶期，每公顷用 10.8% 高效氟吡甲禾灵乳油 450—600 毫升或 5% 精喹禾灵乳油 600-900 毫升，兑水 675 升，针对杂草喷雾。

第九章　其他类蔬菜病虫草害防治

第一节　甜玉米

甜玉米主要病害有大斑病、小斑病、丝黑穗病、细菌性茎腐病、细菌性萎蔫病、纹枯病、锈病、赤霉病等，主要虫害有玉米螟、棉铃虫、大螟、蚜虫、铁甲虫、甜菜夜蛾、黏虫、草地螟、白星花金龟和根蚜等地下害虫危害。

一、播种前预防措施

1. 种子消毒：①用种子量 0.2% 的 2.5% 适咯菌腈悬浮种衣剂 + 种子量 3% 的水，搅匀拌种后播种；②用种子量 0.3% 的 50% 福美双可湿性粉剂拌种。上述方法中选择 1 种即可。

2. 育苗场所消毒：整畦压平后选用 50% 福美双可湿性粉剂 8—10 克 / 米^2 浇洒后盖膜（用育苗架的无需盖膜）待用。凡大棚育苗场所，应同时进行空间消毒，用硫磺 4 克 + 锯末 10 克 / 米^3 混匀，分置 3—5 个容器内燃烧，于晚上 7 时左右进行，且密闭 24 小时以上。

3. 育苗基质消毒：用基质量 0.2% 的 50% 多菌灵可湿性粉剂或 70% 甲基硫菌灵可湿性粉剂，拌匀待用。

二、苗期病虫草害防治措施

1. 种植地消毒：地下害虫严重地，在种植地耕翻后播栽前，每公顷施碳酸氢铵 750—1050 公斤，并覆盖薄膜密封 5 天（晴）

或 7 天（阴雨）后，整地做畦，可有效杀灭地下害虫、杂草和部分病原物。

2. 化学除草：直播的于播后苗前，移栽的于整地开穴后，每公顷施 96% 精异丙甲草胺乳油 1500 毫升，兑水 900 升，或用 33% 二甲戊灵乳油 3750 毫升，兑水 900 升，喷雾土表，移栽时尽量减少翻动土层。

3. 防治地下害虫：选用 40% 辛硫磷乳油 800—1000 倍液、5.7% 氟氯氰菊酯乳油 700—1000 倍液浇灌，或撒施 3% 辛硫磷颗粒剂 60—75 公斤/公顷。

4. 大、小斑病：玉米 2 叶期是预防大、小斑病的关键时期，可选用 25% 吡唑醚菌酯乳油 2000—2500 倍液或 64% 噁霜·锰锌可湿性粉剂 500—600 倍液喷雾。

特别提示：玉米 4—5 叶期或移栽前，喷施 0.003% 丙酰芸苔素内酯水剂 4000 倍液，是生长期壮株抗病的关键环节。

5. 移栽苗送嫁药或定植水：于移栽前 2 天，用 64% 噁霜·锰锌可湿性粉剂 600 倍液 +50% 二嗪磷乳油 1000 倍液淋浇或移栽后浇灌，以防治地下害虫。

三、定植—抽穗开花灌浆期防治措施

1. 地下害虫：苗期应重点预防地下害虫，可选用 3% 辛硫磷颗粒剂 60—75 公斤/公顷、40% 辛硫磷乳油 3000 毫升 + 细土 750 公斤/公顷，拌匀撒施种植穴。

2. 大、小斑病：防治方法同苗期。

3. 细菌性茎腐病、细菌性萎蔫病：选用 64% 噁霜·锰锌可湿性粉剂 500—600 倍液、2% 春雷霉素水剂 1000 倍液或 20% 噻菌酮悬浮剂 750 倍液喷雾。

4. 锈病：选用 40% 氟硅唑乳油 4000 倍液、40% 腈菌唑可湿性粉剂 5000—6000 倍液、25% 吡唑醚菌酯乳油 2000—2500 倍液、43% 戊唑醇悬浮剂 5000 倍液或 30% 氟菌唑可湿性粉剂 2000 倍液喷雾。

5. 纹枯病：选用 3% 井冈霉素水剂 300—500 倍液、70% 甲基硫菌灵可湿性粉剂 800 倍液或 32.5% 苯醚·嘧菌酯悬浮剂 1000—2500 倍液喷雾。

6. 赤霉病：可用 43% 戊唑醇悬浮剂 5000 倍液（采收前 30 天禁用）喷雾。

特别提示：有发生赤霉病地区，产品于采收前一定要防治一次，以利贮运。

7. 丝黑穗病：以预防为主，可用 50% 异菌脲可湿性粉剂 1000—1500 倍液喷雾，一旦发病只能销毁。

8. 地下害虫：在使用频振式杀虫灯诱杀的同时，用糖：醋：酒：水 =3：4：1：2 的溶液 +90% 敌百虫晶体 500 倍液 10—15 毫升配成诱杀剂，每公顷置 150 盆。

9 根蚜：选用 20% 啶虫脒可溶粉剂 3500—4000 倍液或 5.7% 甲氨基阿维菌素苯甲酸盐微乳剂 5000—6000 倍液浇灌。

10. 玉米螟、棉铃虫、大螟、草地螟、甜菜夜蛾：成虫发生初期开始使用性信息素和灯光诱杀。幼虫可采取以下防治措施：①雄穗初抽发期，雌穗授粉后，应及时在喇叭口内施入 1.6 万国际单位 / 毫克苏云金杆菌可湿性粉剂 15 公斤 / 公顷；②授粉后及时摘除雄穗烧毁（幼龄幼虫群集地）；③选用 5% 氯虫苯甲酰胺悬浮剂 1500 倍液或 15% 茚虫威悬浮剂 2000—3000 倍液灌心；④选用 24% 甲氧虫酰肼悬浮剂 2000—3000 倍液、1.6 万国际单位 / 毫克苏云金杆菌可湿性粉剂 1500 倍液 +5.7% 甲氨基阿维菌素苯甲酸盐微乳剂 3000 倍液，喷雾喇叭口和心叶。

11. 蚜虫：选用 35% 吡虫啉悬浮剂 3500—4000 倍液、25% 噻虫嗪水分散粒剂 4000—5000 倍液、5.7% 氟氯氰菊酯乳油 1700—2000 倍液或 22% 氟啶虫胺腈悬浮剂 3000 倍液喷雾。

12. 铁甲虫：选用 6% 阿维·氯虫苯甲酰胺悬浮剂 2500 倍液或 90% 敌百虫晶体 1000 倍液喷雾。

13. 黏虫、白星花金龟：选用 1.5% 除虫菊素水乳剂 500 倍液、40% 辛硫磷乳油 1000 倍液或 90% 敌百虫晶体 1000 倍液喷雾。

四、采收前综合预防措施

玉米采收前的主要病害有干腐病、细菌性萎蔫病、赤霉病，主要害虫有玉米螟和棉铃虫。要做到既保穗又安全，采收前就必须认真采用综合预防措施，应根据测报灯下害虫种类、气候条件和安全用药标准规定选择配方和用药期。

1. 玉米螟、棉铃虫：对雌穗的花丝施入 1.6 万国际单位 / 毫克苏云金杆菌可湿性粉剂 15 公斤 / 公顷；也可选用 5% 氯虫苯甲酰胺悬浮剂 1500 倍液、0.3% 印楝素乳油 500—600 倍液或 600 亿 PIB/ 克棉铃虫核型多角体病毒可湿性粉剂 5000 倍液喷雾。

2. 蚜虫：选用 1.5% 除虫菊素水乳剂 500 倍液或 25% 噻虫嗪水分散粒剂 4500—5000 倍液喷雾。

第二节　黄秋葵

黄秋葵主要病害有立枯病、枯萎病、叶煤病、灰霉病、白粉病、疫病、炭疽病、曲霉病、根结线虫病等，主要虫害有棉蚜、棉铃虫、盲蝽、棉大卷叶螟、斜纹夜蛾、白粉虱、棉叶蝉等危害。

一、综合预防措施

1.实行轮作：选择肥沃的土壤；宜与葱蒜类蔬菜轮作，不宜用沙质过重的土壤种植。

2.种子消毒：用50%多菌灵可湿性粉剂拌种，用量为种子重量的0.3%。

3.诱杀害虫：①种植玉米诱集带诱杀玉米螟；②毒饵诱杀蚂蚁，方法是用炒香麦皮5公斤+40%辛硫磷乳油10克+糖0.5公斤，兑水1.5公斤，搅拌均匀，撒施蚂蚁道；③用黄板诱杀有翅蚜、粉虱、叶蝉等，用诱灯诱杀棉铃虫等趋光性害虫；④人工摘除椿象卵块。

二、幼苗期—开花期—果形成期防治措施

1.立枯病：选用10亿芽孢/克枯草芽孢杆菌可湿性粉剂100—300倍液、30%噁霉灵水剂1000倍液或70%甲基硫菌灵可湿性粉剂1000倍液浇根。

2.枯萎病：选用30%噻唑锌悬浮剂500—800倍液、50%异菌脲可湿性粉剂900倍液或30%噁霉灵水剂1000倍液浇灌。

3.叶煤病：可用47%春雷霉素·王铜可湿性粉剂700倍液喷雾。

4.灰霉病：选用40%嘧霉胺悬浮剂1000倍液、50%腐霉利可湿性粉剂1500倍液或50%异菌脲可湿性粉剂1000—1500倍液喷雾。

5.炭疽病：选用45%咪鲜胺乳油1000—1500倍液、80%

福·福锌可湿性粉剂 800 倍液、70% 甲基硫菌灵可湿性粉剂 800 倍液或 75% 百菌清可湿性粉剂 800 倍液喷雾。

6. 疫病：选用 50% 烯酰吗啉可湿性粉剂 2000 倍液、20% 氟吗啉可湿性粉剂 1000 倍液、69% 烯酰·锰锌可湿性粉剂 600—800 倍液或 68.75% 氟吡菌胺·霜霉威悬浮剂 1000—1500 倍液喷雾。

7. 白粉病：选用 25% 嘧菌酯悬浮剂 600—800 倍液、80% 硫磺水分散粒剂 600—800 倍液、75% 百菌清可湿性粉剂 500 倍液或 0.5% 大黄素甲醚水剂 750—1000 倍液喷雾。

8. 曲霉病：选用 40% 嘧霉胺悬浮剂 800—1000 倍液、50% 啶酰菌胺水分散粒剂 1000—1200 倍液、30% 氟硅唑乳油 3000—5000 倍液、50% 腐霉利可湿性粉剂 800—1000 倍液或 50% 异菌脲可湿性粉剂 800—1000 倍液喷雾。

9. 根结线虫病：选用 41.7% 氟吡菌酰胺悬浮剂 1000—1500 倍液或 5.7% 甲氨基阿维菌素苯甲酸盐微乳剂 6000—7000 倍液浇灌。

10. 棉蚜、棉叶蝉：选用 35% 吡虫啉悬浮剂 5000—6000 倍液或 25% 噻虫嗪水分散粒剂 5000—6000 倍液喷雾。

11. 棉铃虫：选用 2.5% 氯氟氰菊酯乳油 3000—4000 倍液、15% 茚虫威悬浮剂 2000—3000 倍液或 600 亿 PIB/ 克棉铃虫核型多角体病毒可湿性粉剂 5000 倍液喷雾。

12. 棉大卷叶螟：在幼虫群集叶背为害时，可选用 90% 敌百虫晶体 800—1000 倍液、0.3% 苦参碱水剂 800—1000 倍液或 40% 辛硫磷乳油 1000 倍液（限苗期）喷雾。

13. 斜纹夜蛾：在低龄幼虫群集为害时，及时选用 4.5% 高效氯氰菊酯乳油 1500—2000 倍液、10% 虫螨腈悬浮剂 1000—1600 倍液或 5.7% 甲氨基阿维菌素苯甲酸盐微乳剂 5000—6000 倍液喷雾。

14. 白粉虱：选用 22.4% 螺虫乙酯悬浮剂 2000—2500 倍液、25% 噻虫嗪水分散粒剂 3000—4000 倍液或 20% 啶虫脒可溶粉剂 3500—4000 倍液喷雾。

15. 盲蝽：选用 10% 虫螨腈悬浮剂 2000 倍液、5% 氟啶脲乳油 2000 倍液或 90% 敌百虫晶体 800—1000 倍液喷雾。

三、杂草防除

于播后苗前，每公顷用 96% 精异丙甲草胺乳油 1500 毫升，兑水 750 升，喷雾封闭土表，可预防一年生禾本科杂草。

第三节　茭白

茭白主要病害有胡麻叶斑病、锈病、纹枯病、稻瘟病、小菌核病等，主要虫害有大螟、二化螟、长绿飞虱和叶蝉等危害。

一、综合预防措施

1. 农业防治：合理轮作，增施底肥和磷钾肥，合理密植；前期浇灌，中期适当搁田；高温季节适当浇水，以降低水温和土温，可有效控制病害发生。

2. 控制虫源和病源：冬季割茬时清除茭白病残体，开春时铲除田间杂草，可减少越冬虫口和菌源。

3. 种苗处理：①春季割种苗老茬要压低，以便降低分蘖节；②引入新种苗时，用 50% 多菌灵可湿性粉剂 +75% 百菌清可湿性粉剂，两药剂与水按 1∶1∶600 比例配成药液，浸苗 5 分钟消毒；③疏除过密分蘖，促使养分集中，萌芽与分蘖整齐，可降低发病率。

4. 灯光诱杀：用频振式杀虫灯可诱杀大螟、二化螟和飞虱、叶蝉等成虫。

二、萌芽期—分蘖期—孕茭期防治措施

1. 胡麻叶斑病：选用 50% 异菌脲可湿性粉剂 600 倍液、20% 三环唑可湿性粉剂 500 倍液或 40% 异稻病净乳油 600 倍液喷雾。

2. 锈病、小菌核病：选用 80% 代森锰锌可湿性粉剂 800 倍液、40% 多·硫可湿性粉剂 500 倍液、50% 敌磺钠可湿性粉剂 200 倍液或 25% 嘧菌酯悬浮剂 400—500 倍液喷雾。

3. 纹枯病：选用 70% 甲基硫菌灵可湿性粉剂 500—800 倍液、5% 井冈霉素水剂 500 倍液或 32.5% 苯醚·嘧菌酯悬浮剂 1000—1500 倍液喷雾。

4. 稻瘟病：选用 40% 稻瘟净乳油 1000 倍液、40% 异稻瘟净乳油 600 倍液、20% 三环唑可湿性粉剂 500 倍液或 32.5% 苯醚·嘧菌酯悬浮剂 1000—2500 倍液喷雾。

5. 大螟、二化螟：选用 18% 杀虫双水剂 300—500 倍液、20% 呋虫胺可分散油悬浮剂 2000—2500 倍液、90% 敌百虫晶体 1000 倍液或 35% 吡虫啉悬浮剂 5000—6000 倍液喷雾。

6. 飞虱、叶蝉：选用 35% 吡虫啉悬浮剂 5000—6000 倍液或 20% 啶虫脒可溶粉剂 3500—4000 倍液喷雾。

三、杂草防除

茭白返青出芽前 2 天，每公顷用 50% 扑草净可湿性粉剂 750 克，拌细土 300—450 公斤，于露水干后撒施，保持水层 1—2 厘米 2 天。茭白移栽成活后，每公顷用 60% 丁草胺乳油 1500—2000 毫升，拌细土 300—450 公斤或拌颗粒肥，于露水干后撒施，保持水层 2—3 天，应特别注意水面保持在茭白心叶以下。

第十章　农药与药械的科学使用

第一节　农药的施用方法及施用条件

一、农药的剂型与施用方法

农药加工后的形态称为剂型。不同剂型农药因其形态的不同，其施用方法也有所差异。

（一）液态农药施用方法

液态农药中有的是需兑水才能使用的，如水剂、悬浮剂、水分散粒剂、乳油、糊剂、悬乳剂、浓乳剂、微乳剂等剂型；有的则可直接喷雾使用，主要有超低容量制剂、油剂、气雾剂等剂型。液态农药施用方法主要有喷雾、浸种、浇灌、涂抹、注射、泼浇等。

喷雾法是把配制好的液态农药溶液通过药械雾化而施用的方法，是目前最常用、也是当今研究最多的施用方法，将在本节的"二、喷雾法"中专门介绍。

液态农药也可浸渍种苗，用于种苗处理；还可浇灌土壤或蔬菜根部，用于土壤消毒处理、防治根部病害和地下害虫；涂抹和注射主要用于木本植物（果树、林木等）病虫害防治，使用的多是内吸性药液。

（二）固态农药施用方法

固态农药有可湿性粉剂、可溶性粉剂、颗粒剂、微粒剂、大粒剂、块粒剂、粉粒剂、烟剂等剂型，使用方法有喷粉法、拌种法、撒施法、熏蒸（烟）法及毒饵法等。

1. 喷粉法：利用药械风力把粉状药剂吹散，沉降后均匀分布在作物上而起防治病虫害的作用。喷粉法必须凭借一定强度的风力才能使药粉均匀分散，其优点是不必兑水就可直接喷撒，缺点是在空气中飘移严重，药剂损失大且污染环境。该方法在仓库、保护地或者无风的露地使用，可发挥其优点而避免其不足。

2. 种衣法或拌种法：将药剂等制剂包裹种子表面，形成一层不易脱落、牢固的干药膜，施用这种带药种子的播种方法称为种衣法。将粉剂与一定量的种子或贮粮混拌均匀后施用的播种方法称为拌种法。种衣法和拌种法主要用于防治土传病害和地下害虫等。

3. 撒施法：将可湿性粉剂、颗粒剂与沙土等混合或直接抛撒，适用于防治蔬菜心叶病虫害、软体动物和地下害虫。

4. 熏蒸（烟）法：将农药烟剂点燃成为烟雾而弥漫在空间中，在下水道、仓库或密闭的保护地环境下使用，其防治病虫效果好，但在露地作物上使用则会污染环境且效果差。

5. 毒饵法：将药剂与防治对象喜食的饵料混拌在一起，使防治对象取食而达到防治目的方法，多用于防治虫、鼠、鸟类和地下害虫等有害生物。

（三）气态农药施用方法

气态农药通常灌装在压缩容器内，在特殊条件下将气体药剂放出，采用熏蒸的方法防治有害生物：如处理土壤防治病虫害，处理仓库防治贮粮害虫，处理在密闭条件下的苗木，用于难防治的病虫害防治或用于检疫处理等。

二、喷雾法

喷雾法是利用喷雾药械把农药药液喷洒成雾滴分散到空气中，再降落到农作物及其害虫病菌、杂草靶标上的施用方法，是当前最广泛使用的施用方法。大多数的农药剂型能适用喷雾法，国内外对喷雾法研究最多、发展也很快。喷雾法可以按喷雾容量或喷雾方式划分成不同的具体方法。

（一）不同容量的喷雾法

喷雾法根据单位面积所施药液容量的多少，按照国际标准可划分成以下 6 种方法：高容量喷雾法、中容量喷雾法、低容量喷雾法、很低容量喷雾法、超低容量喷雾法和超超低容量喷雾法。喷雾法的喷雾容量越低，施药作业对药剂、施药环境和药械的要求就越高。目前农业生产中最常见的喷雾法有高容量、中容量和低容量 3 种喷雾法，这 3 种喷雾法都有多种的药械可选用。不同容量的喷雾法，所使用的药剂、防治对象和适用场合是不同的。

1. 高容量喷雾法：这是国内外农业生产上应用较广的一种喷雾法。其雾滴粒谱 100—400 微米。喷雾时应以植物叶面湿润至滴水为度，其雾滴相对较粗、喷洒的针对性强，适于使用保护性杀菌剂，防治叶面病虫害、杂草等需要定向喷雾类型，防治尚未侵染病原菌，还适用于触杀性农药来防治移动性很小或不会移动的固定害虫、害螨以及杂草等。其缺点是费工、费药、费水且药液流失严重。有人测算，该技术约有 70% 的药液流失到环境中，只有 1% 药剂发挥了作用。

2. 低容量喷雾法：其雾滴粒谱 60—150 微米。要求在叶面上的雾滴沉积密度 ≥ 30 个 / 厘米 ^{2}，其雾滴既有针对性又有飘移性，露水未干、雾天或喷后小雨对其防效影响不大。该方法省工、省药、省水，工效高，雾滴对昆虫表皮的几丁质或植物的蜡质层渗透力增强而提高了防效，药剂的稀释范围多在 10—500 倍液，适合除颗粒剂、烟雾剂外的所有农药剂型和大面积植物防治病虫害，也可用于卫生消毒。低容量喷雾法，其雾滴直径较小，仅使保护对象的小部分被药液所覆盖，使用浓度高，适用低毒、内吸性农药来防治病虫草害，或者使用低毒、触杀性农药来防治活动性强的害虫。

3. 中容量喷雾法：是介于高容量和低容量喷雾法之间的施药法。其雾滴粒谱 150—250 微米。高容量喷雾法的药械如果配上合适的雾化喷头及其配套部件也可以实现中容量喷雾，在施用方法和药械的改造上具有很大的提升空间。中容量喷雾法的雾滴直径中等，可使保护对象大部分被药液所覆盖，适用于内吸性农药防治病虫害，触杀剂或胃毒剂防治有一定活动能力的害虫。

4. 超低容量喷雾法：其雾滴粒谱 20—90 微米。要求在叶面上的雾滴沉积密度 $\geq$ 30 个/厘米^2，雾滴飘移性强。该方法省工、省药、省水，工效高，防效好，一般使用原液或稍加稀释喷雾，适合于大面积植物防治病虫害，但要求使用专用油剂，须凭借 1—3 级微风飘移和规整的方形田块中进行，药剂易飘浮在空气中而产生环境污染，喷药作业的安全防护措施要求极其严格。

生产实际上，喷施药液量有时很难界定，单位面积所施药液量少于低容量以下的几种喷雾法的雾滴较细或很细，所以也统称为细雾滴喷雾法。

（二）不同方式的喷雾法

按喷雾方式不同，喷雾法可划分为定向（针对性）喷雾法、飘移喷雾法、泡沫喷雾法、循环喷雾法、光敏间隙喷雾法、静电喷雾法和滞留喷雾法等。

1. 定向（针对性）喷雾法：指把喷头对着靶标直接喷雾，所喷出的雾滴流朝着预定的方向运动，雾滴能较准确地洒落到靶标上，雾滴较少散落或飘移到空中等其他非靶标上，因而称为定向（或针对性）喷雾法。常见的手动喷雾器所使用高容量喷雾法、担架式机动喷雾机所使用高容量喷雾法或者中容量喷雾法都属于针对性喷雾法。针对性喷雾法能把所喷出的雾滴流运送距离较近，与飘移喷雾法相比，针对性喷雾法喷洒到靶标的药液相对比较精准、均匀、可靠。

定向（针对性）喷雾法常见的技术措施或方法主要有：①调节喷头的角度，使雾滴流可喷洒到作物的特定部位；②利用风送式喷雾机产生的强大气流把雾滴流吹送到作物上，还可结合调节喷头的角度把雾滴流吹送到乔木植物树冠的特定部位上；③用塑料薄膜等遮覆材料把作物或杂草笼罩起来，喷头装在罩内，针对作物或杂草进行喷雾。

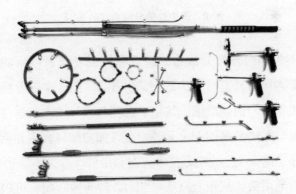

图 1 国内外部分液力式组合喷头或作者自研的喷头组件

图2　国内外部分液力式喷头

　　图1为国内外部分液力式组合喷头或者作者自研的喷头组件，图2为国内外部分液力式喷头。图1、图2中部分喷头外观看起来很相似，但是质量、价格、性能却差异很大。这些喷头是当前主要喷雾法最基础的单元或组合，如能加以利用和创新，就可以形成"高大上"的喷雾技术方案和组件（参见本章第三节）。选择合适的喷头（或组合喷头、组件）与药械匹配，可以最大程度发挥植保喷药防治工作的综合效益。

2. 飘移喷雾法：利用风力把雾滴分（吹）散、飘移、穿透、沉积在目标上的喷雾方法。雾滴喷出后能按直径大小顺序沉降，距离喷头近处飘落的雾滴多而大，远处飘落的雾滴少而小，雾滴愈小，飘移愈远。据测定，直径 10 微米的雾滴，飘移可达 200—300 米，而喷药时的工作幅宽度不可能有这么大，所以，每个工作幅内降落的雾滴是多个单程喷洒雾滴的沉积重叠的结果。使用手持电动超低容量喷雾机或东方红 –18 型弥雾机进行超低容量喷雾。都属于飘移喷雾法。

3. 循环喷雾法：在喷雾机的喷洒部件的对面加装单个或多个挡板，把没有沉积在目标上的雾滴挡在板上，汇集成流淌的药液而顺着挡板流下，进入 1 个药液收集槽内，再用药泵把药液抽回药箱中循环利用来喷洒，这一方法称为循环喷雾法。该方法一般可节省农药 30% 以上，并可减轻对环境的污染，主要应用于林果门式喷雾药械。

4. 光敏间隙喷雾法（对靶施用法）：利用光电元件作为传感器，在光电接收器感应到没有作物通过时即自动停止喷雾，遇有作物时自动重新开始喷雾，所以称之为光敏间隙喷雾法。该喷雾法可大幅度减少农药喷到非靶标区域，从而可节省农药用量 50% 以上。

5. 静电喷雾法：喷雾部件结合高压静电发生装置，喷出带电荷雾滴的喷雾方法。这种带电雾滴受作物表面感应电荷吸引，对作物产生包抄效应并将作物包围起来，因而可沉积到作物叶的正面和背面从而提高了防治效果。目前国内市场上有静电喷雾器出售，只要按说明书介绍的方法进行操作即可。

6. 滞留喷雾法：这是把持效期长的杀虫剂药液喷洒在室内的

墙壁、门窗、天花板和家具等表面上，使药剂滞留在上述物体表面上，以维持较长的药效。该方法适用于喷洒居家住所、办公室、宾馆、食堂、仓库、防空洞和厕所等场所，以防治蚊、蝇、蟑螂等卫生害虫和某些仓库害虫（如棉花仓库中的棉红铃虫），持效期可达2—3个月。

7.风送式喷雾法：利用气流辅助喷雾的方法称为风送式喷雾法或气流辅助喷雾法。该方法使用的药械有两种。一种是在液力式雾化完成后再利用轴流风机或离心风机产生的气流把雾滴吹送到靶标作物上，此类药械称为风送式液力喷雾机，多为拖拉机牵引或悬挂的大型动力药械，主要用于果园、园林喷雾。另一种是利用气流进行雾化的药械，也称为双流体雾化喷雾机（器）或气力式喷雾机（器），与常规喷雾药械不同的是，这种喷雾药械是利用高速气流对药液的剪切力使药液分散（击散）为细雾，形成的雾滴在气流的作用下发生瞬息鼓膜现象，扩张成为薄的液膜后，再发生液膜破裂而成为更细的雾滴。因此，双流体雾化法可以获得比较细而均匀的雾滴，例如泰山18型弥雾喷粉喷雾机、冷烟雾机、内燃机废气雾化喷雾机等动力药械。泰山18型弥雾喷粉喷雾机既能使用风送式喷雾法，也能用飘移式喷雾法，区别在于操作的手法和技法的不同。

三、影响施药作业效果的常见环境条件

（一）风速

风速对田间施药的质量影响大，尤其是对喷粉法和小雾滴喷雾法影响更大。风速过大，农药喷布得不均匀、飘失多，不仅药效差，还会造成环境污染。实践证明，风速在2米/秒以下时，

适于小雾滴喷雾和喷粉。风速小于 3 米 / 秒，适于大雾滴的常量喷雾及喷洒微粒剂和颗粒剂。风速小于 1 米 / 秒时，适于带有送风装置的超低容量喷雾机喷雾；而不带有送风装置的超低容量喷雾器，如手持电动超低容量喷雾器，则不宜使用。因为超低容量喷雾为飘移喷雾，如无风，则药液的雾滴流分散不开，不能形成必要的有效喷幅，需要风速约 3 米 / 秒的风力辅助雾滴漂移。在风速大于 5 米 / 秒时，则不宜进行所有的露地农药喷洒作业。

(二) 降雨

降雨会降低药剂在靶标上的附着量，增加药剂在土壤中的溶解量和淋溶的程度，从而影响了药效，产生药害。各种农药剂型中喷洒油剂最耐雨水冲刷，粉剂类农药最不耐雨水冲刷，乳油、悬浮剂和可湿性粉剂的农药则介于油剂、粉剂之间。内吸性药剂及一些渗透性比较强的药剂，较耐雨水冲刷。在降雨比较多时，土壤处理剂一般药效可以提高，但药害也随之加重。播后苗前土壤喷施除草剂，在降雨后低洼积水的地带容易产生药害。水溶性比较大、毒性高的药剂，还有可能随降雨的径流渗透污染水源和环境。

(三) 气温

当烈日辐射地表时，地面气温升高后与上层空气温差大，就会产生空气对流，空气对流的强度随温差的加大而加剧，这种空气对流的气象条件对喷洒药剂不利。所以，一般在温差比较小的早晨和傍晚喷药才能保证喷药质量。气温的高低还影响着有害生物的活跃程度、新陈代谢强度和药剂的生物活性。在一定温度范围内，昆虫代谢、呼吸、取食等活动会随温度的增高而增强。有些药剂具有正温度系数的特性，如大多数有机磷杀虫剂的药效随温度升高而增加；有些药剂具有负温度系数的特性，其药效随温度降低而增加，如拟除虫菊酯类杀虫剂。温度的高低会影响到药效的发挥，熏蒸剂的药效一般随温度降低而提高。

（四）湿度和露水

湿度大且有一定露水的田间条件，有利于粉剂、低容量和超低容量喷雾法的雾滴在作物茎叶上附着、沉积和重新展布，所以宜在早晨湿度大和有露水时喷粉。在露水未干时，则不宜进行中容量和高容量喷雾，其所喷施的药液易随露水而流失。

（五）土壤性质

土壤的质地、有机质含量、酸碱度和微生物的种类对土壤处理的药剂、特别是除草剂的药效影响大。因此，应根据土壤黏性或沙质程度适当增减土壤处理剂或除草剂的剂量，以免产生药害。

（六）喷雾用水的水质要求

农药喷雾稀释用水的水质也会影响农药的药效，例如水的硬度，pH 值，水中所含有的离子、悬浮物等。全国各地的水质也有很大差别，有的地方有极硬水，也有很软的水，多数自来水 pH 值均偏高。硬度较大的水，应先经过软化处理；水的碱度如偏高，也应适当加以调低后才能用于配制喷雾的药液。否则，农药在硬水和碱性水中发生的变化，必然会影响农药的防治效果，而且往往不易被发现和察觉。各地农村喷洒农药时所用的水除了硬度、碱度尚未引起重视外，水中的不溶性杂质也未引起重视，虽然各种喷雾药械中都规定有装过滤装置，但是过滤装置的性能仍存在不少问题，有些劣质喷雾药械甚至没有过滤装置。水中悬浮的不溶性固体物的粒度越大，除了会造成管路或喷头堵塞外，还会使喷出的药液膜破裂得早，致使所形成的雾滴更粗并且雾化性能也差。不溶性杂质若粗于液膜的厚度，则液膜达到此颗粒的厚度时即会提早破裂，颗粒越粗液膜越厚，从而产生的雾滴也越粗、越不均匀。喷雾稀释用水的质量必须有严格的要求，避免水质不合格而造成一系列不良喷药后果并影响农药科学使用。

(七)光照

阿维菌素、辛硫磷等农药对光照敏感，在强光下容易分解失效，最好不要在上午和中午光照较强时使用，而应选择下午到傍晚光照较弱时使用。枯草芽孢杆菌、哈茨木霉菌、苏云金杆菌、病毒等活性微生物农药，大都对光照中的紫外线敏感，在强光照下容易失去农药活性。因此，此类农药不宜在光照较强烈时使用，应避开强光照下施药，尽量在午后施药。

(八)作物对农药的敏感性

有些作物对某种农药极其敏感，容易产生药害，应该尽量避免出现这种情况。如辛硫磷，在玉米上，只可用颗粒剂防治玉米螟；黄瓜、菜豆对该药敏感，用50%乳油500倍液喷雾有药害，1000倍液时也可能有轻微药害；甜菜对辛硫磷也较敏感，如拌闷种时，应适当降低剂量和闷种时间；高温时叶菜对辛硫磷敏感，易烧叶。黄瓜、大豆、马铃薯对硫磺敏感；白菜、甘蓝等十字花科蔬菜幼苗对杀虫双敏感；豆类、瓜类对吡虫啉敏感，葫芦科对代森锰锌敏感；白菜、萝卜对噻嗪酮敏感。

第二节　药械的分类与选用

一、药械分类与常见药械

病虫草害等大部分靶标所依附的植物靶区的植物学特性、农艺或林艺性状千差万别，使用的施药方法与药械也是多种多样，单一的施药方法或者药械难于对所有的植物进行高效精准施药。农药的科学施用是建立在对农药特性、剂型特点、防治对象和保护对象（防治靶标）的生物学特性以及环境条件的全面了解和科学分析的基础上，不仅仅是常规提法所强调的选择合适的农药品种与浓度及其混合、轮换使用，还应该包括选择最科学合理、高效精准、因地制宜的施用方法和药械。这样做不仅能大幅减少用药量，提高防治效果，而且可以减少人畜中毒，减轻环境污染，避免对有益生物的伤害，延缓抗药性的发展，能产生良好的经济、社会和生态环境效益。

（一）药械分类

药械类型因分类标准不同而多种多样。主要的药械种类，通常有如下各种。

按药械适用的农药剂型和用途不同，药械可分为喷雾机（器）、喷粉机、烟雾机、撒粒机、拌种机和土壤消毒机等机型。

按配套药械动力不同，药械分为手动药械、小型动力喷雾药械、大型动力喷雾药械、航空喷洒设备、大型动力悬挂式、牵引式或自走式施用药械等机型。人们习惯于把小型手动喷雾药械称为喷雾器，把动力喷雾的药械称为喷雾机。小型动力药械配备小型汽油机或电动机，对不同植物和地块平整的地区有高效性、机动性、灵活性、实用性等优点。手动药械还可分为手持式、手摇式、背负式、肩挂式、踏板式等机型；小型动力喷雾药械可分为担架式、背负式、手提式、手推车式等机型；大型动力喷雾药械可分为牵引式、悬挂式、自走式和车载式等机型。

按药械施液量多少，药械可分为常量（高容量）喷雾、中量喷雾、低量喷雾、微量(超低量)喷雾药械等机型。低容量及超低量喷雾机喷雾量少、雾滴细、药液分布均匀、工效高，是施药方法未来发展的趋势。

按药械雾化方式不同，药械可分为液力式喷雾机、气力式喷雾机、离心式喷雾机、静电喷雾机和热力喷雾（烟）机等类型。液力式喷雾机、气力式喷雾机在农、林、牧业病虫草害防治方面得到广泛应用。

在欧美发达国家，药械的应用非常专业化、系列化和标准化，因此其分类也更细化。地面喷雾药械按应用对象不同，可分为大田作物喷雾机、果园喷雾机、葡萄园喷雾机、啤酒花喷雾机、草坪喷雾机及铁道喷雾机等。作者近年来也研发了一些蔬菜、茶叶、园林专用药械，如大葱全株高效扫瞄喷药机、立蔓型作物无级变幅扫瞄喷药机、低秆作物半幅扫瞄喷药机等，这些专用型的药械都是针对某一类植物的农艺特性和生长环境而设计开发的，具有其他药械不具备的特质和专机专用的特点。

（二）常见药械与适用范围

药械的通用名称含有携带方式、配套动力、雾化或施药原理和用途等信息，国内外的药械种类很多，国内常见的药械与适用范围介绍如下。

1.背负式手动喷雾器(图 3): 这是我国农村最常见的药械，但产品良莠不齐、鱼龙混杂，质量有好有差。该药械采用高容量喷雾法，适用于蔬菜等高度在 2 米以下的植物。

图3　背负式手动喷雾器

2. 手持式电动离心喷雾机（图4）：有两种机型，一种是流行于上世纪70—80年代的额蛙式手持电动离心喷雾机，采用超低容量喷雾法和飘移喷雾法，需靠3级左右的风力辅助雾滴飘移吹送和需要专用的油剂农药，且在喷雾前后看不清雾滴或在靶标上的沉积，因此该药械难于在生产实际上应用；另一种是上世纪90年代出现的将额蛙式手持电动离心喷雾机结构简化改良型的手持式电动离心喷雾机，采用低容量喷雾法和摆动喷药法的操作技法，与额蛙式相比，其电机速度、雾化盘的片数与结构和雾化喷雾角度已经大为不同，该产品适用于蔬菜等高度在1.5米以下低矮植物。图4中第三和第四种（由上至下数）是额蛙式手持电动离心喷雾机，其他的均为改进简化型的手持式电动离心喷雾机，这两类药械结构有着根本性差别，不能混淆使用。

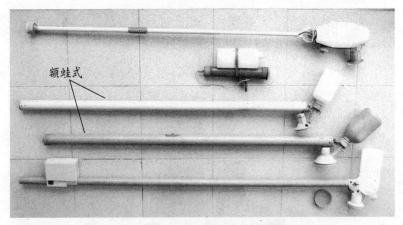

图 4　几种手持式电动离心喷雾机

额蛙式

3. 背负式电动（静电、喷杆）喷雾机（图 5）：该药械采用低容量喷雾法或者高容量喷雾法，工作效率比较高，工效比背负式手动喷雾器较高且较省力，可用于蔬菜等高度在 1.5 米以下多种植物。图 5 中左方为背负式静电喷雾机，该药械在叶背的雾滴沉积率会有所提高，雾滴具有一定的抗飘移性；图 5 下方为背负式电动喷杆喷雾机，是背负式电动喷雾机的升级改进型（参见 p193 的"14. 喷杆喷雾机"）

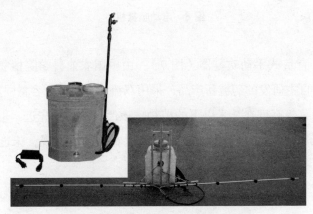

图 5　背负式电动（静电、喷杆）喷雾机

4.电动喷雾机：该药械应用超低容量喷雾法，有两种机型。一种是由位于药箱上方的大功率电机和兼做底座的药箱组成，利用风机出风口的喉管将药液吸送到风口，再由高速气流击碎成微小雾滴并吹送出去（图6）。该药械的出雾量相对较小，使用浓度较高，主要用于保护地内病虫害防治、卫生消毒和仓库害虫防治等。另一种是将药箱的药液加压，流到高速的大型离心转盘，雾化成细小雾滴并被风力风扇吹送到靶标。

图6 电动喷雾机

5.背负式手动吹雾器（图7）：由中国农业科学院植物保护研究所自主研发的药械新产品，采用双流体雾化的低容量喷雾法，适合蔬菜等高度在2米以下的植物。该产品的原理先进，但由于采用低容量喷雾法，雾滴的沉积和附着效果不直观，未能大量推广。

图 7 背负式吹雾器

6.背负式机动（静电）喷雾喷粉机（图 8）：这类药械既可以用来喷雾也可以用来喷粉。喷雾时使用低容量喷雾法或者高容量喷雾法，可以使用针对性喷雾法或飘移式喷雾法；喷粉法有直喷和加配长风管喷粉两种方式，有的机型还有静电功能。该药械须借助风力将雾滴或粉剂吹送到远处的靶标，所以喷头不可离靶标过近，否则强劲的风力容易把药剂吹走，不利于药物雾滴或颗粒的沉积和附着，甚至会吹倒根茎不够强壮的作物，影响使用效果。该药械可用于蔬菜等高度在 8 米以下植物。

图8　背负式机动喷雾喷粉机

7. 担架式机动喷雾机（图9）：这是最常见的喷雾机，使用中容量喷雾法或者高容量喷雾法，可用于蔬菜等高度在10米以下的植物。一般可分为推车式机动喷雾机和担架式机动喷雾机。主要由动力、三缸柱塞泵、机架和喷洒部件组成，动力可以配汽油机、柴油机或电动机（如果220伏交流电源要注意防范触电事故），汽油机有名牌和普通的、电动机有铝线和纯的铜线圈之分，价格一般和性能是成正比的。该药械有的零部件，虽然外观相似，但质量差别很大，如三缸柱塞泵有普通的，也有免黄油精密喷瓷柱塞泵（是一种新型药泵，图10），免黄油精密喷瓷柱塞泵的价格比前者贵3倍以上，但使用简单、寿命长、性能稳定、维护容易，作者6年前购买的免黄油精密喷瓷柱塞泵使用至今，不但无需添加黄油，而且没有出现过任何故障。

图 9　推车式机动喷雾机

图 10　免黄油与加黄油泵的结构比较

8.背负式液泵喷雾机：由汽油机和具有调压功能的往复式柱塞泵（或活塞泵）等组成，采用中容量喷雾法或者高容量喷雾法，可以应用于高度在 8 米以下的各种植物（含各种蔬菜），既有背负式喷雾机的灵活性，又有担架式喷雾机的高效性，是目前用途较为广泛的药械。图11为市面上3种背负式液泵喷雾机，其价格和配置的药泵性能差别很大。图12为背负式液泵喷雾机的3种柱塞泵结构比较，代表了国内20年来该类药械3个不同的研发和生产阶段，从左到右分别为铸铝、塑料和红冲铜材料的泵体，其中以红冲铜材料的泵体最为牢靠且性能稳定，且其偏心轮箱采用机油润滑、往复式柱塞采用黄油润滑这样双重的润滑，使得泵体内部V形圈和柱塞更耐用，不易出现漏水等问题。购买药械时应仔细甄别，以免花冤枉钱买到闹心的产品。

图11　市面上3种背负式液泵喷雾机

铸铝壳体泵　　塑料壳体泵　　红冲铜壳泵　　双黄油杯

偏心轮黄油室　　偏心轮黄油室　　偏心轮机油箱

图 12　背负式液泵喷雾机的 3 种柱塞泵结构比较

9. 树干注射机（植物打孔机）：在树木茎干上钻孔，注射入农药，防治树木病虫害，主要用于果林等乔木植物。

10. 植物灌根器：应用于植物灌根施药和施肥。有两种机型，一种是手动的（图 13），其耐压力小，要配上背负式的药桶使用，靠手臂按压的动力吸取药肥水并压入土壤中；另一种就是把带尖头和高压开关的空管结构与机动喷雾机配套使用，将尖头插入土壤后，打开高压开关注入药液。

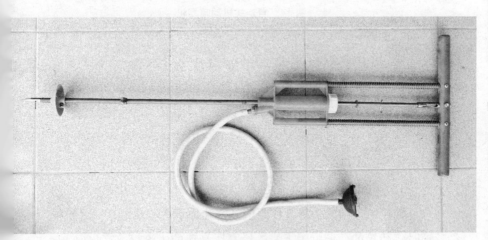

图 13　手动灌根施肥器

11. 自走式机动喷雾机（图 14）：应用中容量喷雾法或者高

容量喷雾法，可以应用于高度在 10 米以下的各种植物。与担架式机动喷雾机的区别是，动力与药械的机架下装配有行走系统，开启动力辅助行走功能后，药械即可移动，因此可以降低工作强度。

图 14　自走式机动喷雾机

12. 热力烟雾机（水雾烟雾两用型）：喷烟法——利用高温爆燃的气流使预热后的烟剂发生热裂变，形成 1—50 微米的烟雾，再随高速气流推送到几米外，可以用水剂或专用的油剂做载体，使用范围较大，可用于大棚、仓库的病虫害防治和地下管道的消毒杀虫等。

13. 常温烟雾机：应用超低容量喷雾法，主要由空压机、动力、轴流风机、喷头等部件组成。雾化原理为，压缩空气经过喉管时将药箱的药液虹吸上来，经高压高速的气流打散雾化成 1—50 微米的细小雾滴。该药械的出雾量相对较小，使用浓度较高，主要用于保护地、仓库的病虫害防治。

14.喷杆喷雾机（图15）：喷杆喷雾机近年来国内发展很快，有关单位和生产厂家竞相开发出多种产品，可以分为悬挂式喷杆喷雾机、牵引式喷杆喷雾机、自走式喷杆喷雾机、背负式机动喷杆喷雾机四类。自走式喷杆喷雾机又可以细分为自走式高秆作物喷杆喷雾机、自走式高地隙喷杆喷雾机、自走式水旱两用喷杆喷雾机3种，根据其是否带有风幕或者静电功能，还可以进一步划分。这些喷杆喷雾机的共同点就是都使用扫瞄喷雾法（介绍见本章第三节），适合在平原地带的大型规整地块农业机械化高效作业，但不适合不规整的地块和保护地内作业。背负式机动喷杆喷雾机，采用背负式液泵喷雾机匹配专用的喷杆组件，是一款获得了发明专利的药械新产品，相当于是喷杆喷雾机的"微缩版"。能够在小型不规则的地块实施扫瞄喷雾法，具有一定的优势和先进性，使得小型喷雾机也能使用扫瞄喷雾法，适用于高度在1.5米以下的植物。

图15 喷杆喷雾机

15.风送式喷雾机：主要有果园风送式喷雾机、林业风送式喷雾机两种。果园风送式喷雾机（图16），主要在果园适用；林业风送式喷雾机有牵引（车载）风送式喷雾机、车载高射程喷雾机等品种，大都具有遥控功能，药液经高压液泵加压，送到液力式喷嘴雾化后被强劲的风力吹送到远处的靶标。

图 16　果园风送式喷雾机

16. 航空植保喷雾机：主要分为多旋翼无人机（图 17）、单旋翼无人直升机、农用喷药飞机等 3 种，其中多旋翼无人机和单旋翼无人直升机无需驾驶员，只要有地面操控员操控即可。因此，这两种喷雾机受到限制使用的条件比较少。无人机主要由动力系统、图像系统、飞行控制系统、视觉辅助系统、结构系统（含喷播、电力、药箱等）、操控系统以及地面站组成（不同厂家对模块的命名有所差异）。这些曾经被视为"高大上"的无人机，如今已在农业植保领域大显身手。近年来，随着民用无人机的发展，植保无人机也开始"飞"入寻常百姓家。随着土地流转规模的扩大，我国植保无人机产业未来存在着将近千亿元的潜在市场。尽管无人机前景可观，但由于受适配农药机型缺乏、扶持政策不完善、行业标准不健全、监管体系缺失、基础服务缺乏等因素影响，其发展仍面临多重制约。因此，到 2019 年末，国内无人机生产厂家由原来的几十家锐减到剩下几家，竞争白热化的这一市场已逐渐回归理性，业内也开始注重深耕品质与服务。

图 17　多旋翼无人机

17. 手动喷粉器：主要有丰收 –5 型胸挂式手动喷粉器、LY–4 型胸挂立摇手动喷粉器、3FL–12 型背负式揿压喷粉器等 3 种型号，可用于保护地内喷粉，在风力较大的场合下不适合，现在市场上已经少见。

18. 压缩式喷雾器（图 18）：这是一种肩挂式手动喷雾器，预先在密闭的药箱里泵入压缩空气，对药箱内药液面产生压力作用而使药液流经喷头雾化。该药械的工效一般都比较低，在少量种植的地块或家庭花园使用。

19.自动喷雾机（图19）：在密封的药桶上方有碳酸氢铵和硫酸化学反应发生器，靠化学反应产生的气体增加药箱内部压力，将药液压送至液力式喷头雾化喷雾，原理很先进，但由于硫酸是危险品，运输储存不安全、不方便，限制了生产上推广应用。

图18 压缩式喷雾器

图19 自动喷雾器

上述药械中，手动喷雾效率低，速度慢，适用于局部或小面积病虫草害的防治；机动喷雾效率高，速度比较快，适用于大面积农田、果园、林木的病虫草害防治；飞机喷雾，速度快，适用于大面积暴发性病虫害的防治。上面介绍了常见药械的主要类别，随着人们对生存环境质量的关注和科学技术的发展，出现了可控雾滴喷雾机、精准对靶喷雾机、实时传感或与GPS（全球定位系统）结合的智能喷雾机和喷雾机器人等各种专业专用性药械，限于篇幅，无法一一列举，有兴趣的读者可以查找相关资料。

二、药械的选用

在当前的农业生产中，生产者选择哪个厂家和品牌的药械产品一般都比较盲目。药械选用的决策者往往都是局限于自身的认知，加上市场上的药械产品鱼龙混杂、良莠不齐、优劣难辨，这样就很难选到优质、高效和有针对性的最优化药械，造成资源浪费和作物产量的损失。

（一）对药械的主要农业技术要求

大体上说，药械应满足以下农业技术要求：①应能满足农业、园林花卉、林业等不同种类、不同生态以及不同自然条件下对植物病、虫、草、鼠害等的防治要求；喷洒部件形式多样化、规格化、标准化、系列化，且制造精密、喷洒性能优良，能满足不同植物、不同生长形态以及不同剂型农药的喷洒要求。②喷洒部件应能将液剂、粉剂、粒剂等各种剂型的农药均匀地分布在施用对象所要求的施药部位上。③药械使所施用的农药有较高的附着率、较少飘移损失及环境污染。④药械应具有较高的生产效率、较好的使用经济性和安全性。⑤重视生态环境的保护，尽可能减少喷洒农药过程中对土壤、水源、害虫天敌以及环境的污染与损害。施药药械的选择受到许多因素的限制，例如防治对象、配备的劳动力、要求防治的面积、防治区域的特点、药械使用的难易程度、要求的作业速度和所能提供的动力(动力影响到气流流量和速度、供液量和药液压力)等。

(二)正确选用施药药械

选购施药药械要考虑下述一些问题。

1. 要了解防治对象的为害特点、施药方法和要求：例如病、虫在植物上的发生或为害的部位，药剂的剂型、物理性状及用量，适宜的喷洒作业方式(喷雾、喷粉、熏蒸等)和哪一种喷雾容量(常量、低量或超低量等)，以此来选择药械类型。

2. 要了解防治对象的田间自然条件及所选药械的适应性：例如，要了解地块的平整及规划情况，是平原还是丘陵，是旱作还是水田，还有作物的大小、株行距及作物间空隙。根据这些来考虑所选药械在田间作业及运行的适应性，以及在作物行间的通过性能。

3. 要了解作物的栽培及生长情况：例如，要掌握作物的株高及密度，喷药是苗期还是作物生长中、后期，要求药剂覆盖的部位及密度，作物株冠的高度及大小。所选药械喷洒部件的性能应能满足防治要求，如购买的药械用于喷洒除草剂，需配购适用于喷洒除草剂的有关附件，如扇形雾喷头，配置防滴阀、稳压阀、防飘罩盖等。

4. 要了解所选药械在作业中的安全性：例如，有无漏水、漏药，对操作人员的安全性如何，对作物是否容易产生药害等。

5. 了解基地经营模式、规模以及经济条件：如要弄清基地属于分户承包还是集体经营，需要防治面积的大小与所要求的药械的工作效率，基地购买能力及药械作业费用（药、供水、燃料或电费、人工费等）的承担能力，以确定准备选购药械的工作效率与体积大小，选择人力药械还是动力药械等方面要素。

6. 必须了解质检情况：产品是否经过质量检测部门的检测并且合格，产品有无获得过推广许可证或生产许可证，并了解其有效期。

7. 要有品牌意识：产品及生产厂家的信誉好否，产品质量是否稳定，售后服务好否，产品是否曾经获得过能真正反映质量的奖项或优质奖。

8. 要先行调查研究：到相同生产条件的作业单位，了解打算购买的药械的使用情况，以供参考。

9. 应学会辨别药械材料好坏：塑料部件要选择原生塑料为好，药桶类等大型部件以本色的颜色为佳，因为从生产工艺过程上看，本色塑料意味着没有杂质污染或添加，也就避免了全部使用或掺入再生性塑料的可能性。喷头及紧固件以不锈钢为佳，开关一般是铜件，要注意甄别塑料或铝材镀上铜色或不锈钢色来蒙混的假冒伪劣产品和部件。

10. 应重视关键部件的优化：喷雾机一般由机架、药桶、动力、喷头、过滤系统等部件组成，同一类产品，不同厂家或品牌、同一厂家不同型号系列的产品外观、内质都会有差距，要注意多方面考察和比较产品的优劣性，如喷头可以选择设计、材料、加工、质量和喷药性能都比较好的产品，还有动力和三缸柱塞泵，汽油机有名牌和普通的，电动机有铝线和纯的铜线圈之分，价格一般和性能是成正比的，有的零部件，虽然外观相似，但质量的差别极大。药械的动力、药液泵、喷头配置的高低和优劣，其产品的成本和价格差别在2倍液以上，药械的使用效果差别极大，其中喷头的选择与配置是药械性能能否发挥到极致的最重要因素之一。

第三节 扫瞄喷药技术与适用药械

一、扫瞄喷药技术

受当前技术装备条件限制，各种不同农艺性状的作物通常只选配一二种药械来喷药。喷头的静态喷幅只有固定的尺码，当作业靶标大于喷头的静态喷幅时，为了增大作业喷幅、减少来回行进的趟数，操作者会靠喷头左右摆动来增加喷幅，从而减少自身在靶区上来回行进的次数。依赖喷头在作业靶区上左右"之字形"摆动速度和药械行进速度来控制药物在靶区的沉降密度，这种喷头的运动方式是左右周期性变向兼具前向的复合型运动。这是目前各种小喷幅药械"标准"的喷施方式。为了表述方便，我们称之为"摆动喷药法"，其喷头称为摆动喷药喷头，摆动喷药法的喷头、喷幅、行进轨迹如图20所示。

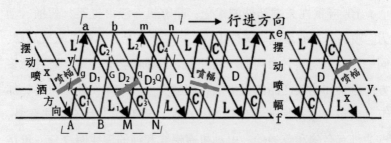

图20 摆动喷洒法的喷头、喷幅、行进轨迹示意图

如图 20 所示，为了说明方便，只选择图 20 左边的虚线平行四边形所框选 S_{ANan} 的靶标区域作为研究局部进行测算。根据几何关于面积的基本定义和原理，则摆动喷洒法作业喷幅靶标区域中，局部靶标区域 S_{ANan} 可被划分成三角形的重喷区（代号 C）与漏喷区（代号 L）和平行四边形单喷区（代号 D）三个区域，在摆动喷洒法的运动轨迹、方向和靶标幅宽关系中，ef 为单次作业靶标宽度（摆动喷幅），xy 为摆动喷洒喷头的静态喷幅。根据几何面积的公式和定义（计算过程省略），这样的喷药方法单喷区（代号 D）、重喷区（代号 C）和漏喷区（代号 L）是难于避免的。当漏喷区（代号 L）和单喷区（代号 D）越小，则重喷区（代号 C）区域越大，直至 bqm 三点重合且 BGM 三点重合时就没有了漏喷区（代号 L）和单喷区（代号 D），这时靶标区域 S_{ANan} 要被喷头来回摆动喷洒了两遍，这样靶标区域 S_{ANan} 才能被全面防治而没有漏喷药，这种常规的"之字形"摆动喷洒法浪费了人力物力，加大了农药使用剂量、降低了防治效果和农药利用率。摆动喷洒法中还有一种弓字形的喷洒方法，喷头在左右摆动时操作者须静止，只能在喷头摆动到左侧端或右侧端时，操作者前进固定的距离，这样虽然从技术上可以避免漏喷问题，减少重喷区域面积，提高喷洒质量和防治效果，但不符合人们的行为习惯，且在水田这样行进操作时更为困难，几乎没有人掌握或采用这项喷药技法，这里不做介绍和讨论。

在熟悉了施药方法和药械的分类与特性的基础上，针对现有常规的"摆动喷药法"喷药技术存在上述的缺点，作者分析了千变万化的植物农艺性状特征，根据多年的作物施药方法与药械研究实践，总结了一类与摆动喷药技术不同的新的技法并研发了几种新型药械。这种新的农药喷洒法显著的特征在于喷头的静态喷幅略大于作业靶标宽度，还可以实时对应作业靶标宽度的变化而无级变幅，操作者、喷头与药械行进方向一致，在此称为"扫瞄喷洒法"（此名称在国内文献中未见类似的表述，是我们为了方便表述和区别于常规"摆动喷药法"而命名的。下同）。扫瞄喷洒法的含义为：宽幅喷头瞄准作业靶标且无摆动地行进喷洒施药，其农药的稀释倍数或使用倍数可以参照常规的摆动式喷洒法。（本书介绍的各种蔬菜可酌情使用扫瞄喷洒法和与之相适应的药械），其运动轨迹为在一个平面内的一条直线或与作业靶区中心线对应的曲线。目前扫瞄喷洒法还未被人们全面认识，人们只是笼统地认为这是一种机器，没有认识到这是一种新的喷药技术门类，只是笼统称之为喷杆喷雾机、门式喷雾机或背负式机动弥雾机拉管式喷粉法。目前市面上能够扫瞄喷药的药械也都未能实现无级变幅扫瞄喷药的功能，影响了该药械的使用范围和效果，功能有待于进一步拓展。

扫瞄喷洒法喷头的静态喷幅略大于单次作业靶标的宽度（图21），作业时不必摆动喷头就能完全覆盖单次作业靶标，其喷头与药械行进方向一致的单向型运动；无级变幅扫瞄喷药喷头的喷幅较大，可以对应靶标变化而无级变幅（图22），当作业靶标的宽幅不是恒定值或无级变化时，该喷头的喷幅可随之变化或无级变化，此时该喷头与药械行进方向仍然保持一致的单向型运动。

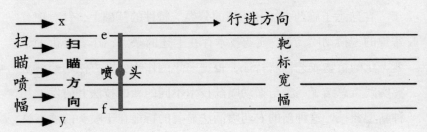

图21　扫瞄喷洒法的靶标、喷幅与行进方向示意图

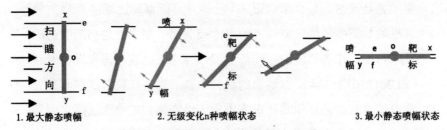

1. 最大静态喷幅　　　2. 无级变化n种喷幅状态　　　3. 最小静态喷幅状态

图22　无级变幅扫瞄喷洒法的示意图

扫瞄喷洒法的技术特征为：①喷头静态喷幅略大于单次喷药作业作物靶标宽度，不必左右往复摆动喷头就能对作物受药面全覆盖均匀喷药。②喷头的运动方向与药械（或操作者）的行进方向一致，属于单向运动，扫瞄喷药作业喷头的行进轨迹呈直线，或与作业喷药靶标宽幅的中心线重合且位于同一个平面内的曲线。③喷头在靶标上的雾滴密度沉积由喷头（或者药械和操作者）的行进速度这一个变量来控制，容易做到均匀沉积。④喷头巡喷的作业面积略大于作业靶标面积，只要巡喷一遍的靶标面积即可，不会重喷和漏喷靶区。⑤为确保药械和喷洒部件最大程度的实用化和较广的适用范围，喷头的喷幅可以无级调节改变喷幅大小。⑥扫瞄喷药的喷药装置一般是由与靶标空间形态对应分布的多个喷头（如喷杆喷雾机喷头）或喷孔（如塑料薄膜长管喷粉）组成，针对均匀分布的靶标则喷头或喷孔所喷施的药剂流也是与之相应均匀分布的，除非包心型蔬菜在包心前期或大葱这样永不封行的作物、喷头就需要作相应调整。⑦扫瞄喷药的喷药喷头及其支撑架构，应能随作业靶标的农艺特征不同而变化。根据作物株冠的形状类型、叶片形状、叶势、叶面积指数、作物栽培方式、作物生长周期、施药环境变迁或立地条件的实时变化等动态变化因素，使"施药靶区"与"作物靶区"重叠并且能够随之顺应变化，最常见的扫瞄喷药的区域轨迹为平面或曲面。根据上述扫瞄喷药的技术特征，作者研发的双喷幅双流体喷雾机已获得国家发明专利（ZL201310131334.8），更多的粮食作物、经济作物自研机具正处在申请专利的公开和实质审查中。无级变幅扫瞄喷洒法能克服常规的摆动喷药法重喷、漏喷的缺点，可最大限度发挥扫瞄喷洒法和与之匹配药械的效能，能确保高效精准、均匀周到地对靶标扫瞄喷药而节约人工、农药和用水。

二、扫瞄喷药技术的适用药械

扫瞄喷洒法现有的适用药械有背负式机动喷雾喷粉机拉管式喷粉机、喷杆式喷雾机、航空飞机喷药机、门式喷雾机、风送式果园喷雾机、园林高效精准扫瞄喷雾机（作者自研产品）等。根据多年的作物施药方法与药械研究实践，作者研发了大葱全株高效扫瞄喷药机（图23）、立蔓型作物无级变幅扫瞄喷药机（图24）和低秆作物半幅扫瞄喷药机（图25）等蔬菜高效扫瞄喷雾的专用喷洒组件，其核心技术为专用喷洒组件可与常规的药械搭配，即可组合成新药械而发挥高效精准的功用，解决了常规"摆动喷药法"重喷和漏喷的问题，比该款药械搭配普通的喷头工效提高了3—10倍，且能提高防治效果，供读者参考。

图23　大葱全株高效扫瞄喷药机　　图24　立蔓型作物无级变幅扫瞄喷药机

图 25 低秆作物半幅扫瞄喷药机

大葱全株高效扫瞄喷药机采用常见的背负式液泵喷雾机或背负式电动喷雾机，配以专用喷洒组件，可对大葱全株进行扫瞄喷药。专用喷洒组件将从上述常规喷雾机输出的高压药液，经过喷雾总开关控制后，用三通分流成两路后连通两组喷头，分别在大葱栽培行的左侧和右侧对准形成包夹喷雾，并使左右两侧的喷头的静态喷幅大于大葱的株高，使得左右喷头对大葱整株形成罩式的雾滴覆盖。无需摆动喷头，只需保持左右侧喷头对大葱栽培行的空间相对位置不变即可。操作者操控着左右喷头，靠其行进速度来控制对大葱株行靶标的雾滴覆盖密度。所有参与扫瞄喷药作业喷头的行进轨迹呈直线，实现了大葱全株高效精准、均匀周到的罩式扫瞄喷药，提高了防治效果，避免了常规喷药法的费药、费水、费工、重喷和漏喷等问题。

立蔓型作物无级变幅扫瞄喷雾机可利用现有常见的担架式机动喷雾机、背负式液泵喷雾机或背负式电动喷雾机，作为匹配的药液储存、加压装置，搭配该药械的立蔓型作物无级变幅扫瞄喷雾机针对立蔓型这一类作物进行无级变幅扫瞄喷药，就能大幅提升动力喷雾机的喷洒防治性能。该扫瞄喷洒组件所采用的是大多数用户的常备普通动力喷雾机，他们比较熟悉其配套的动力和高压药泵部件，操作维护动力喷雾机的技能无需另外培训和学习，只要熟悉并掌握该专用喷洒组件的雾化终端装置即可，使用者容易掌握。该扫瞄喷洒组件能够根据作物的农艺性状和栽培特征，能针对性、均匀周到地同时喷施立蔓型作物叶的正面和背面，可针对不同生长时期立蔓型作物无级调幅的扫瞄喷药。该扫瞄喷洒组件可选择雾化喷幅为圆形的圆形喷头、雾化喷幅为扇形的扇形喷头或由这二者组成的朝向相反的组合型喷头等3类喷头。组合型喷头擅长针对立蔓型作物的叶背、叶面的病虫害同时进行高效精准扫瞄喷药，还能够针对靶标宽度的变化，随时灵活调节左右喷杆之间的夹角，从而无级变化扫瞄喷幅。在应用到平铺型低秆作物时，还能在左右喷杆的拓展口加装左圆形拓展喷杆与右圆形拓展喷杆接头（或者左扇形拓展喷杆接头与右扇形拓展喷杆），以增加无级变幅扫瞄喷药的最大喷幅。该扫瞄喷洒组件提高了立蔓型作物立体针对性喷雾和平铺型低秆作物平面针对性喷雾的防治效果，避免了常规喷药法需要来回摆动喷头喷施立蔓型作物所产生的费药、费水、费工、重喷和漏喷问题。与常用的背负式手动喷雾器（指工农–16型）相比，可提高工效6倍以上。

低秆作物半幅扫瞄喷药机由机动喷雾机、操作者、手持杆、背带、加强管、喷头、喷杆等组成。喷头可以是涡流芯式喷头或者扇形雾喷头，应用于株高在1.2米以下的低秆作物，一个作业行可以喷药3米幅宽以上。匹配背负式液泵喷雾机一个作业班组最少只需1人，适合于农户自行喷药；匹配担架式喷雾机的一个作业班组则最少需2人。作业时，操作人员边操纵扫瞄喷杆，边牵引高压输药管前进，先扫瞄左边的作物靶标，到达畦行的终点后转向 180°，再喷施操作员的另外一边作物靶标。操作员的步速根据蔬菜的封行及郁闭程度有所不同，一般按行人正常步速 1.6 米 / 秒即可，如在花椰菜、包菜、白菜的包心现蕾前期，水稻及大小麦的生长后期（叶面积指数较高），可以放慢至 0.5—0.8 米 / 秒。该药械克服了常规喷药机采用摆动喷药法喷施低秆作物重喷漏喷和效率、效果低下的问题，适合于甘薯、叶菜类等作物封行后平整规则的中小型地块喷药。常规的动力喷雾机配备该专用的喷洒组件即可实现扫瞄喷药，以较少的投入换取最大的效益。与常用的背负式手动喷雾器（指工农 –16 型）相比，该药械可提高工效 6 倍以上。

上述 3 种专用喷洒组合件是作者基于扫瞄喷药理念设计新的专用喷洒药械，希望对有提升施药方法和药械水平意愿的农业种植基地能有所启发和帮助。根据作物农艺和栽培特征、病虫草害的发生和发展规律，选择科学的农药品种轮用、混用以及农药的施用方法、药械种类和喷头的配置，结合科学的用药规程和操作，可以真正实现对症选药、对靶施用、减量增效的绿色防控目标，才能突破植保技术瓶颈，提高所喷施的药剂对作物病虫草害的防治效果。

我国农业生产上病虫草害防治工作，大多重视"对症选药"而忽视"对症施药"，虽然国内少数新药械能接近世界上的先进水平，但真正有实质性突破、自主原创的并获得国家发明专利的药械数量仍较少。蔬菜病虫草千差万别，使用施药方法与药械也是多种多样。一种新的施药方法或者植保药械也难于对所有蔬菜都能做到高效精准施药，因此，生产实践中要在熟练应用的基础上，筛选出合适的、最有效的方法和药械。

附录

书中推荐农药通用名称中英文对照

杀虫剂

序号	农药中文通用名称	农药英文通用名称	含量与剂型（使用限制）
1	苜蓿银纹夜蛾核型多角体病毒	autographa californica NPV	10亿多角体/毫升悬浮剂
2	甘蓝夜蛾核型多角体病毒	Mamestra brassicae multiple NPV	20亿多角体/克甘蓝夜蛾核型多角体病毒悬浮剂
3	耳霉菌	conidioblous thromboides	200万有效活菌数/毫升悬浮剂
4	甜菜夜蛾核型多角体病毒	LeNPV	30亿多角体/克水分散粒剂
5	小菜蛾颗粒体病毒	plutella xylostella granulosis virus (PXGV)	300亿 包含体/毫升悬浮剂
6	斜纹夜蛾核型多角体病毒	spodopteralitura NPV	200亿多角体/克水分散粒剂
7	棉铃虫核型多角体病毒	heliothis armigera NPV	600亿多角体/克水分散粒剂
8	苏云金杆菌	bacillus thuringiensis	1.6万国际单位/毫克可湿性粉剂
9	短稳杆菌	empedobacter brevis	100亿孢子/毫升悬浮剂
10	白僵菌	Beauveria	50亿–70亿/克悬浮剂

序号	农药中文通用名称	农药英文通用名称	含量与剂型（使用限制）
11	苦参碱	oxymatrine prosuler	0.3% 水剂
12	印楝素	azadirachtin	0.3% 乳油
13	矿物油	petroleum oil	99% 乳油
14	茶皂素	tea saporin	30% 水剂
15	鱼藤酮	rotenone	2.5% 乳油
16	除虫菊素	pyrethrins	1.5% 水乳剂
17	乙基多杀菌素	spinetoram	6% 悬浮剂
18	甲氧虫酰肼	methoxyfenozide	24% 悬浮剂
19	氟啶脲	chlorfluazuron	5% 乳油
20	灭蝇胺	cyromazine	75% 可湿性粉剂
21	除虫脲	diflubenzuron	25% 悬浮剂
22	联苯肼酯	bifenazate	43% 悬浮剂
23	茚虫威	indoxacarb	15% 悬浮剂
24	虫螨腈	chlorfenapyr	10%/24% 悬浮剂
25	虱螨脲	Lufenuron	5% 乳油
26	联苯菊酯	Bifenthrin	2.5% 乳油
27	高效氯氰菊酯	beta-cypermethrin	4.5% 乳油（鲜食蔬菜禁用）
28	氯氰菊酯	Cypermethrin	10% 乳油（鲜食蔬菜禁用）
29	氯氟氰菊酯	cyhalothrin	2.5% 乳油
30	氟氯氰菊酯	cyfluthrin	5.7% 乳油
31	溴氰菊酯	Deltamethrin	2.5% 乳油（鲜食蔬菜禁用）
32	啶虫脒	acetamiprid	20% 可溶粉剂
33	噻虫嗪	thiamethoxam	25% 水分散粒剂
34	吡虫啉	imidacloprid	35% 悬浮剂
35	丁醚脲	diafenthiuron	50% 可湿性粉剂
36	噻唑膦	fosthiazate	10% 颗粒剂
37	噻唑膦	fosthiazate	20% 水乳剂
38	氟啶虫胺腈	sulfoxaflor	22% 悬浮剂
39	呋虫胺	dinotefuran	20% 可分散油悬浮剂
40	阿维·氯虫苯甲酰胺	abamectin·chlorantraniliprole	6% 悬浮剂
41	氯虫苯甲酰胺	chlorantraniliprole	5% 悬浮剂

续表

序号	农药中文通用名称	农药英文通用名称	含量与剂型（使用限制）
42	甲氨基阿维菌素苯甲酸盐	abamectin-aminome-thyl	5.7% 微乳剂
43	阿维菌素	abamectin	1.8% 乳油
44	螺虫乙酯·噻虫啉	spirotetramat·thiaclo-prid	22% 悬浮剂
45	22.4% 螺虫乙酯悬浮剂	spirotetramat	22.4% 螺虫乙酯悬浮剂
46	溴氰虫酰胺	cyantraniliprole	10% 可分散油悬浮剂
47	敌百虫	trichlorfon	90% 晶体
48	敌敌畏	dichlorvos	80% 乳油
49	杀虫双	bisultap	18% 水剂
50	辛硫磷	Phoxim	40% 乳油
51	辛硫磷	phoxim	3% 颗粒剂
52	二嗪磷	diazinon	50% 乳油
53	联苯·噻虫胺	bifenthrin·clothianidin	1% 颗粒剂
54	四聚乙醛	metaldehyde	6% 颗粒剂

杀菌剂

序号	中文通用名称	英文通用名称	含量与剂型（使用限制）
55	枯草芽孢杆菌	bacillus subtilis	10 亿芽孢/克可湿性粉剂
56	多黏类芽孢杆菌	paenibacillus polymyza	10 亿有效活菌数/克可湿性粉剂
57	木霉菌	trichoderma SP	2 亿孢子/克可湿性粉剂
58	吡唑醚菌酯	pyraclostrobin	25% 乳油
59	戊唑醇	tebuconazole	43% 悬浮剂
60	氟啶胺	fluazinam	50% 悬浮剂
61	井冈霉素	validamycin	3% 水剂,5% 水剂
62	宁南霉素	ningnanmycin	8% 水剂
63	春雷霉素	kasugamycin	2% 水剂
64	春雷霉素·王铜	kasugamycin·copper-oxychloride	47% 可湿性粉剂

序号	中文通用名称	英文通用名称	含量与剂型（使用限制）
65	王铜	copper oxychloride	30% 悬浮剂
66	络氨铜	cuaminosulfate	15% 水剂
67	丙酰芸苔素内酯	epochoieone	0.003% 水剂
68	芸苔素内酯	brassinolide	0.01% 水剂
69	噻菌铜	thiodiazolecopper	20% 悬浮剂
70	噁霉灵	Hymexazol	30% 水剂
71	嘧菌酯	azoxystrobin	25% 悬浮剂
72	苯醚甲环唑	difenoconazole	10% 水分散粒剂
73	苯醚·嘧菌酯	difenoconazole·azoxystrobin	32.5% 悬浮剂
74	啶酰菌胺	boscalid	50% 水分散粒剂
75	氟吗啉	flumorph	20% 可湿性粉剂
76	3% 多抗霉素水剂	Polyoxin	3% 多抗霉素水剂
77	霜脲氰·噁唑菌酮	cymoxanil·famoxadone	52.5% 水分散粒剂
78	氢氧化铜	coperhy droxide	46% 水分散粒剂
79	硫酸铜钙	copper calcium sulphate	77% 可湿性粉剂
80	噁酮·锰锌	mancozeb·famoxadone	68.75% 水分散粒剂
81	霜脲·锰锌	cymoxanil·mancozeb	72% 可湿性粉剂
82	氟硅唑	flusilazole	40% 乳油
83	吡唑醚菌酯·代森联	pyraclostrobin·metiram	60% 水分散粒剂
84	代森联	metiram	70% 水分散粒剂
85	噁霜·锰锌	oxadixyl·mancozeb	64% 可湿性粉剂
86	咯菌腈	fludioxonil	2.5% 悬浮种衣剂
87	百菌清	chlorothalonil	75% 可湿性粉剂
88	百菌清	chlorothalonil	45% 烟剂
89	三乙膦酸铝	fosetyl-aluminium	80% 可湿性粉剂
90	氰霜唑	cyazofamid	10% 悬浮剂
91	代森锰锌	mancozeb	80% 可湿性粉剂

续表

序号	中文通用名称	英文通用名称	含量与剂型（使用限制）
92	精甲霜灵·代森锰锌	metalaxyl-M·mancozeb	68% 水分散粒剂
93	甲霜灵	Metalaxyl	35% 种子处理干粉剂（限土壤处理、拌种）
94	异菌脲	iprodione	50% 可湿性粉剂
95	霜霉威盐酸盐	propamocarb	72.2% 水剂
96	丙森锌	propineb	70% 可湿性粉剂
97	醚菌酯	kresoxim-methyl	50% 水分散粒剂
98	硫磺	sulphur	80% 水分散粒剂
99	腈菌唑	myclobutanil	40% 可湿性粉剂
100	腈菌唑	myclobutanil	12.5% 乳油
101	氟菌唑	triflumizole	30% 可湿性粉剂
102	咪鲜胺	prochloraz	45% 乳油
103	咪鲜胺锰盐	prochloraz-manganese chloride complex	50% 可湿性粉剂
104	腐霉利	procymidone	50% 可湿性粉剂
105	腐霉利	procymidone	10% 烟剂
106	波尔多液	bordeaux mixture	80% 可湿性粉剂
107	克菌丹	captan	50% 水分散粒剂
108	嘧霉胺	pyrimethanil	40% 悬浮剂
109	琥胶肥酸铜	copper	30% 可湿性粉剂
110	多菌灵	carbendazim	50% 可湿性粉剂（限土壤处理、拌种）
111	甲基硫菌灵	thiophanatemethyl	70% 可湿性粉剂
112	甲基硫菌灵·乙霉威	thiphanate-methyl·diethofencarb	65% 可湿性粉剂
113	硫酸铜	copper sulphate	96% 晶体
114	松脂酸铜	Copper Abietate	12% 悬浮剂
115	福美双	thiram	50% 可湿性粉剂
116	敌磺钠	fenaminosulf	50% 可湿性粉剂

续表

序号	中文通用名称	英文通用名称	含量与剂型（使用限制）
117	福·福锌	thiram·ziram	80% 可湿性粉剂
118	氟吡菌胺·霜霉威	fluopicolide·Propamocarb hydrochloride	68.75% 悬浮剂
119	肟菌酯·戊唑醇	trifloxystrobin·tebuconazole	75% 水分散粒剂
120	五氯硝基苯	Quintozene	40% 粉剂
121	大黄素甲醚	Physcion	0.5% 水剂
122	中生菌素	zhongshengmycin	3% 可湿性粉剂
123	氯溴异氰尿酸	chloroisobromine cyanuric acid	50% 可湿性粉剂
124	双炔酰菌胺	mandipropamid	23.4% 悬浮剂
125	吡唑萘菌胺·嘧菌酯	isopyrazam·azoxystrobin	29% 悬浮剂
126	多·硫	carbendazim·sulfur	40% 悬浮剂
127	烯酰吗啉	dimethorph	50% 可湿性粉剂
128	烯酰吗啉·锰锌	dimethomorph·mancozeb	69% 可湿性粉剂
129	稻瘟净	EBP	40% 乳油
130	异稻病净	IBP	40% 乳油
131	三环唑	Tricyclazole	20% 可湿性粉剂
132	噻唑锌	Zinc thiazole	30% 悬浮剂
133	喹啉铜	oxine-copper	33.5% 悬浮剂
134	壬菌铜	cuppric nonyl phenolsulfonate	30% 水乳剂
135	氟吡菌酰胺	fluopyram	41.7% 悬浮剂
136	香菇多糖	fungous proteoglycan	0.5% 水剂
137	氨基寡糖素	oligosaccharins	2% 悬浮剂
138	吗胍·乙酸铜	moroxydine hydrochloride·copper acetate	20% 可湿性粉剂
139	寡糖·链蛋白	Oligosaccharins·plant activator protein	6% 可湿性粉剂

序号	中文通用名称	英文通用名称	含量与剂型（使用限制）
140	烷醇·硫酸铜	triacontanol·copper sulfate	6% 可湿性粉剂
141	烯·羟·吗啉胍	oxyenadenine·enadenine·moroxydine hydrochloride	40% 可溶粉剂
142	三十烷醇·硫酸铜·十二烷基硫酸钠	triacotanol·dodecyl sodium sulphatet·copper sulphate	1.5% 水剂
143	啶氧菌酯	picoxystrobin	22.5% 水分散粒剂
144	烯唑醇	diniconazole	12.5% 可湿性粉剂

除草剂

序号	中文通用名称	英文通用名称	含量与剂型
145	敌草胺	napropamide	50% 可湿性粉剂
146	仲丁灵	butralin	48% 乳油
147	砜嘧磺隆	Rimsulfuron	25% 水分散粒剂
148	精异丙甲草胺	s-metolachlor	96% 乳油
149	高效氟吡甲禾灵	haloxyfop-P-methyl	10.8% 乳油
150	乙草胺	acetochlor	90% 乳油
151	精吡氟禾草灵	fluazifop-P-butyl	15% 乳油
152	精噁唑禾草灵	fenoxaprop-P-ethyl	6.9% 乳油
153	精喹禾灵	quizalofop-P-ethyl	5% 乳油
154	丁草胺	butachlor	60% 乳油
155	烯禾啶	sethoxydim	12.5% 乳油
156	扑草净	prometryn	50% 可湿性粉剂
157	二甲戊灵	pendimethalin	33% 乳油
158	氟乐灵	trifluralin	48% 乳油
159	噁草酮	oxadiazon	12%/25% 乳油
160	甲草胺	alachlor	48% 乳油
161	乙氧氟草醚	oxyfluorfen	24% 乳油
162	草铵膦	glufosinate-ammonium	18% 水剂
163	嗪草酮	metribuzin	50% 可湿性粉剂

参考文献

[1] 国家卫生健康委，农业农村部，市场监督总局．食品安全国家标准　食品中农药最大残留限量：GB2763—2019.

[2] 农业部农药检定所．新编新农药手册（续集）［M］．北京：中国农业出版社，1998.

[3] 农业部农药检定所．农药合理使用准则十［M］．北京：中国标准出版社，2018.

[4] 王青松．绿色蔬菜生产病虫草害防治［M］．福州：福建科学技术出版社，2007.

[5] 王青松．菜田杂草图谱及其化学防治［M］．福州：福建科学技术出版社，2011.

[6] 屠豫钦．农药使用技术标准化［M］．北京：中国标准出版社，2001.

[7] 傅泽田，祁力钧，王秀．农药喷施技术的优化［M］．北京：中国农业技术出版社，2002.

[8] 袁会珠．农药使用技术指南［M］．北京：化学工业出版社，2004.

[9] 屠豫钦．农药使用技术图解——技术决策［M］．北京：中国农业技术出版社，2004.

[10] 徐映明．农药识别与施用方法［M］．北京：金盾出版社，2006.

[11] 何雄奎．药械与施药方法［M］．北京：中国农业技术出

版社,2013.

[12] 北京全国农业技术推广服务中心. 植保机械与施药方法应用指南 ［M］. 北京：中国农业技术出版社,2015.